江苏省医药类院校信息技术系列课程规划教材

江苏省卓越医师药师（工程师）规划教材

Visual Basic
程序设计实践教程

主 编 朱 红
副主编 马金凤 朴 雪

南京大学出版社

内容简介

本书是《Visual Basic 程序设计教程》(南京大学出版社,2018)一书的配套实验教学用书。结合理论教学中对实验教学的要求,在内容组织上与理论教材相对应。在编写本套书过程中,编者充分考虑了医药行业的特点,力图将医药行业的需求融入到实验中,增强了教材的实用性和行业特性。全书共分 8 章,每章包含目的要求、主要内容、实验操作及习题与答案四部分内容。

本书实验内容安排合理、习题丰富,可作为普通高等学校尤其是医药类院校非计算机专业"Visual Basic 程序设计"课程的实验教学用书,也可作为参加计算机等级考试二级 Visual Basic 考试的人员或广大计算机爱好者的自学用书。

图书在版编目(CIP)数据

Visual Basic 程序设计实践教程 / 朱红主编. — 南京 : 南京大学出版社,2018.12

江苏省医药类院校信息技术系列课程规划教材

ISBN 978 - 7 - 305 - 21207 - 9

Ⅰ. ①V… Ⅱ. ①朱… Ⅲ. ①BASIC 语言－程序设计－医学院校－教材 Ⅳ. ①TP312.8

中国版本图书馆 CIP 数据核字(2018)第 259812 号

出版发行　南京大学出版社
社　　址　南京市汉口路 22 号　　　邮　编 210093
出 版 人　金鑫荣

书　　名　**Visual Basic 程序设计实践教程**
主　　编　朱　红
责任编辑　王秉华　王南雁　　　编辑热线　025 - 83596997
照　　排　南京理工大学资产经营有限公司
印　　刷　盐城市华光印刷厂
开　　本　787×1092　1/16　印张 9　字数 225 千
版　　次　2018 年 12 月第 1 版　　2018 年 12 月第 1 次印刷
ISBN　978 - 7 - 305 - 21207 - 9
定　　价　25.80 元

网　　址:http://www.njupco.com
官方微博:http://weibo.com/njupco
微信服务号:njuyuexue
销售咨询:(025)83594756

前　言

Visual Basic 其可视化的用户界面设计、简洁的语句、强大的功能以及简单易学易用的特点，已受到越来越多的计算机专业和非计算机专业人士的青睐。"Visual Basic 程序设计"课程被列入大学非计算机专业的公共基础课程之一，也是全国计算机等级考试和各个省级计算机等级考试二级考试科目。对于非计算机专业的学生尤其是医学生在学习程序设计时，无论是思维还是学习方法上都是全新的内容，给教学带来了一定的难度。为了帮助学生更好更快地掌握程序设计的方法和内容，在编写《Visual Basic 程序设计教程》的同时我们编写了本实践教程，本书注重重点内容的总结、程序编写分析的训练以及上机实验环节的指导，以更好地完成教学工作。

为了更好地配合"Visual Basic 程序设计"理论教学，完成本课程的实验教学环节的教学任务，本书每章包含目的要求、主要内容、实验操作、实验步骤、习题等内容。使学生在上完理论课的基础上加深理解记忆，掌握重点和难点。为配合每一章的教学内容，我们精心编写了上机"实验操作"和练习题，对于每一个实验我们都精心设计，力求做到从简到难进行讲解，并强调实用性；还对学习过程中容易混淆或易于出错的地方做了简要说明，以便使学生能顺利通过上机"实验操作"环节，增加学生对程序设计的兴趣，帮助学生更好地掌握程序设计的思想和方法。

参加本书编写工作的都是高校中有着多年丰富教学经验的老师，本书由朱红任主编，其中，第 1 章由朱红编写，第 2 章由郝杰编写，第 3 章由陈秀清编写，第 4 章、第 5 章由马金凤编写，第 6 章由朴雪编写，第 7 章、第 8 章由张昌明编写，朱红对全书进行了统稿、整体策划及相关章节的修改和完善工作。由于各种因素，书中难免有不足之处，敬请读者批评指正。

编者
2018 年 9 月 11 日

目　录

目 录

第1章

Visual Basic 程序设计概述

【目的要求】

➢ 掌握 Visual Basic 集成开发环境的启动和退出。
➢ 熟悉 Visual Basic 的开发环境。
➢ 掌握在窗体上建立控件的方法。
➢ 掌握在属性窗口上建立控件属性的方法。
➢ 掌握在 Visual Basic 集成开发环境中建立应用程序。
➢ 掌握创建、打开和保存工程文件的方法。

【主要内容】

1. Visual Basic 集成开发环境的启动

（1）单击"开始"按钮，在"开始"菜单中依次单击"程序"、"Microsoft Visual Basic 6.0 中文版"、"Visual Basic 6.0 中文版"选项，出现如图 1.1 所示的"新建工程"对话框。单击桌面快捷图标启动 Visual Basic 6.0 也可以出现"新建工程"对话框。

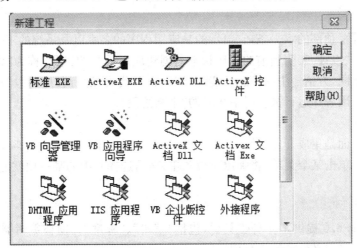

图 1.1 "新建工程"对话框

（2）在弹出的"新建工程"对话框中，默认新建一个标准的 EXE。单击"确定"按钮，即可进入 Visual Basic 6.0 的集成开发环境主窗口，如图 1.2 所示。

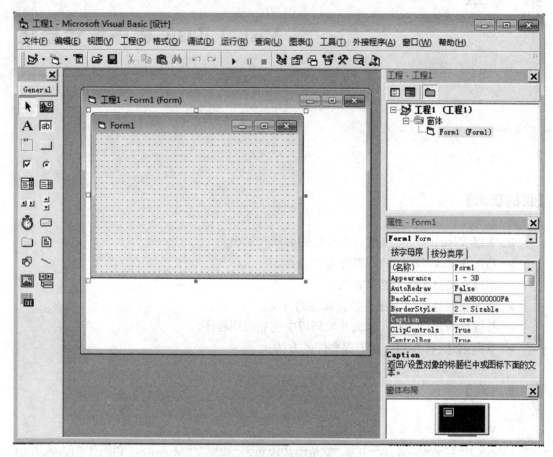

图 1.2　集成开发环境主窗口

2. Visual Basic 集成开发环境的组成

（1）标题栏

标题栏是屏幕顶部的水平条，它显示的是应用程序的名字以及系统的工作状态。

方括号中的"设计"表明当前的工作状态是创建应用程序的过程，称为"设计阶段"。随着工作状态的不同，方括号中的信息可能会是"运行"，代表"运行程序阶段"；或是"Break"，代表由于某种原因程序运行被暂时中止时的"中断阶段"。

（2）菜单栏

标题栏的下面是集成开发环境的主菜单。每个菜单含有若干个菜单项，用于执行不同的操作。用鼠标单击某个菜单，将弹出下拉菜单，然后选择其中的某一项就能执行相应的菜单命令。

（3）工具栏

Visual Basic 6.0 提供了 4 种工具栏，包括"编辑"、"标准"、"窗体编辑器"和"调试"，并且用户可根据需要定义自己的工具栏。

（4）工具箱

Visual Basic 6.0 的工具箱窗口位于窗体的左侧，提供了软件开发人员在设计应用程序界面时需要使用的常用工具（控件）。

（5）窗体设计器

窗体设计器窗口也称对象窗口，用于应用程序的用户界面设计。每个窗体必须有一个名字，默认为 Form1，扩展名为.frm。用户可以通过选择"工程" | "添加窗体"命令来新建或添加窗体。

（6）属性设置

属性窗口用于设置所选对象的初始属性值，如大小、标题、颜色、字体等。

（7）代码编辑器

利用 Visual Basic 6.0 开发应用程序，包括两部分工作：一是设计图形用户界面，二是编写程序代码。设计图形用户界面是通过窗体设计器完成的，编写应用程序代码则是通过代码编辑器来完成的。

（8）工程资源管理器

Visual Basic 6.0 把一个应用程序称为一个工程，工程包含了一个应用程序的所有文件。工程资源管理器就是用来管理这些文件的。

3. Visual Basic 6.0 文件的组成

在 Visual Basic 6.0 中创建一个应用程序，称为建立一个工程。一个 Visual Basic 工程是由若干个不同类型的文件组成的，工程就是这些文件的集合。一个 Visual Basic 工程通常包含一个工程文件（.vbp）和若干个窗体文件（.frm）（至少包含一个窗体文件），有时根据需要也会包含其他类型文件，如标准模块文件（.bas）、类模块文件（.cls）、资源文件（.res）、自定义控件文件（.ocx）与用户文档（.dob）等。为方便使用和管理，保存工程时，建议将工程中的相关文件都保存在一个独立的文件夹中。

【实验操作】

1. 编写程序

要求如图 1.3 所示，在窗体上添加三个 Label（标签）控件、两个 TextBox（文本框）控件和三个 CommandButton（命令按钮控件），并合理布置它们。在两个文本框中输入信息，单击"确定"按钮，如果密码正确，在窗体上方标签显示欢迎信息，如果密码错误，则要求重新输入。单击"取消"按钮时，清空两个文本框中的内容，并使"用户名"文本框获取焦点。单击"退出"按钮时，回到设计状态。

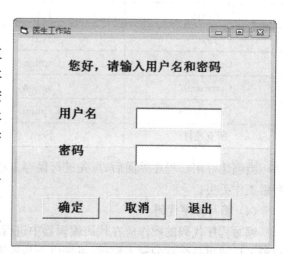

图 1.3　登录界面

2. 实验步骤

(1) 创建窗体

有如下三种方法：

● 双击工具箱的控件按钮，将在窗体的中央出现一个相应的控件，如用此方法添加多个控件，这些控件将叠放在窗体的中央，故每添加一个控件后，要将其移动到恰当位置。

● 单击工具箱中的控件按钮后，在窗体上画出相应的控件。

● 按住【Ctrl】键，单击工具箱中的控件按钮后，在窗体上画出多个相应的控件。

(2) 合理布置各个控件的位置

① 选取所需的多个控件，可通过以下三种方法实现：

● 按住【Ctrl】键，再逐一单击所需控件。

● 按住【Shift】键，再单击控件。

● 按住鼠标并拖动，凡被虚线框包围的控件均被选中。

② 单击作为对齐等基准的控件，此时该控件周边的 8 个小方框为实心。

③ 选取"格式"菜单中相应的命令，可对控件进行合理布置。

(3) 设置对象的属性

可通过以下两种方法实现：

● 在设计状态通过属性窗口进行设置，各控件的主要属性值设置如表 1.1 所示。

● 在运行状态通过程序代码进行设置，格式为：对象名. 属性名＝属性值。

表 1.1　对象的属性设置值

对　象	属性名称	属性值
Form1	Caption	医生工作站
Label1	Caption	您好！请输入用户名和密码
Label2	Caption	用户名
Label3	Caption	密码
Text1	Text	（空）
Text2	Text	（空）
Command1	Caption	确定
Command2	Caption	取消
Command3	Caption	退出
所有控件	Font	四号、宋体加粗

当创建好用户程序界面后，可先进行保存工程的操作，以免出现死机等特殊情况而导致所做工作丢失。

(4) 编写程序代码

编写程序代码的操作应在代码编辑器中进行。对于初学者，进入代码编辑器后，为避免对象名称或事件名称的输入错误，可按以下步骤编写事件过程代码。

① 首先在对象列表框中单击相应的对象名称，如 Command1。

②　然后在该对象对应的过程列表框中单击相应的事件过程名称,如 Click,将自动产生该对象选中事件过程的模块,且光标定位在该模块中。例如:

```
Private Sub Command1_Click( )

End Sub
```

采用缩进(按【Tab】键)的方式输入程序代码。

③　重复上面的步骤,输入该程序的完整代码如下:

```
Private Sub Command1_Click( )
        If Text2.Text = "123456" Then
                Label1.Caption = Text1.Text & "医生,欢迎您"
        Else
                Label1.Caption = "密码错误,请重新输入"
        End If
End Sub
Private Sub Command2_Click( )
        Text1.Text = ""
        Text2.Text = ""
        Label1.Caption = "您好!请输入用户名和密码"
        Text1.SetFocus
End Sub
Private Sub Command3_Click( )
        End
End Sub
```

(5) 保存工程

一个应用程序就是一个工程,在一个工程中可以包含多个文件,因此建议为每个工程建一个文件夹,以便将该工程的所有文件集中管理并存放。

①　初次保存工程,单击“文件”菜单中的“保存工程”命令,此时会弹出“文件另存为”对话框。选择要存放该工程的文件夹,也可以新建一个文件夹。再输入要保存的窗体文件名,VB 自动以该窗体的名称作为默认的窗体文件名,其扩展名为.frm(不用输入),单击“保存”按钮。若有多个窗体,则要逐个保存窗体文件。窗体保存好后,该对话框的标题将变为“工程另存为”,此时为该工程进行命名,如 Login,VB 自动以该工程的名称作为默认的工程文件名。工程文件的扩展名为.vbp(不用输入),单击回车键。再次保存工程,则只需按“保存”按钮即可。

②　若要对工程的存放位置或工程文件名进行修改,则需从“文件”菜单中选择“工程另存为”命令。

③　若要对窗体的存放位置或窗体文件名进行修改,则可从“文件”菜单中选择“窗体另存为”命令,或在工程资源管理器中的该窗体上单击鼠标右键,在弹出的快捷菜单中选择“窗体另存为”命令。

（6）调试与运行

调试与运行是检验程序是否有错、能否达到预期目标必不可少的手段。

运行步骤如下：

① 单击工具栏中的 ▶ 按钮，或单击【F5】键，运行该程序。

② 在"用户名"文本框中输入姓名，如"张三"，在"密码"文本框中输入密码，如"123456"。

③ 单击"确定"按钮，会显示"张三医生，欢迎您"，如图 1.4 所示。

图 1.4 登录界面

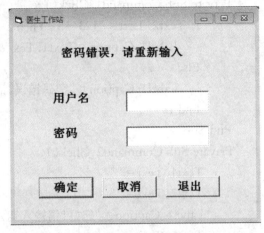

图 1.5 密码错误界面

④ 如果密码输入错误，单击"确定"按钮，则显示"密码错误，请重新输入"，并清空两个文本框，且"用户名"文本框获取焦点。如图 1.5 所示。

⑤ 单击"取消"按钮，则显示"您好，请输入用户名和密码"，并将两个文本框清空，且"用户名"文本框获取焦点，如图 1.3 所示。

⑥ 单击"退出"按钮，则回到程序设计状态。

（7）生成可执行文件

对于已调试成功并保存过的应用程序，VB 可以对其编译生成可执行文件，该可执行文件是交付给用户使用的，因此它可以脱离 VB 环境，直接在 Windows 环境中运行。

可执行文件是不可以被修改的，若发现错误，只能对工程文件进行修改并保存后，再次生成可执行文件。

生成并运行可执行文件的操作步骤如下：

① 从"文件"菜单中单击"生成工程 1.exe"项。

② 选取可执行文件的保存位置，并为可执行文件命名，文件的扩展名为.exe。

③ 单击"确定"按钮，生成可执行文件。

④ 关闭 VB 程序，从"我的电脑"或"资源管理器"窗口中找到该可执行文件。

⑤ 双击该文件，即可以脱离 VB 环境，直接在 Windows 环境中运行此程序。

【习题与答案】

1. 选择题

(1) 在 Visual Basic 集成环境中,可以列出工程中所有模块名称的窗口是_____。

A. 工程资源管理器窗口　　　　　　B. 窗体设计窗口

C. 属性窗口　　　　　　　　　　　D. 代码窗口

(2) 在设计阶段,当按【Ctrl+R】组合键时,所打开的窗口是_____。

A. 代码窗口　　　　　　　　　　　B. 工具箱窗口

C. 工程资源管理器窗口　　　　　　D. 属性窗口

(3) 在 VB 集成环境中要结束一个正在运行的工程,可单击工具栏上的一个按钮,这个按钮是_____。

A. 　　　　B. 　　　　C. 　　　　D.

(4) 在 Visual Basic 集成环境中,要添加一个窗体,可以单击工具栏上的一个按钮,这个按钮是_____。

A. 　　　　B. 　　　　C. 　　　　D.

(5) 在 Visual Basic 集成环境的设计模式下,用鼠标双击窗体上的某个控件打开的窗口是_____。

A. 工程资源管理器窗口　　　　　　B. 属性窗口

C. 工具箱窗口　　　　　　　　　　D. 代码窗口

(6) 与传统的程序设计语言相比,Visual Basic 最突出的特点是_____。

A. 结构化程序设计　　　　　　　　B. 程序开发环境

C. 事件驱动编程机制　　　　　　　D. 程序调试技术

(7) 用标准工具栏中的工具按钮不能执行的操作是_____。

A. 添加工程　　　　　　　　　　　B. 打印源程序

C. 运行程序　　　　　　　　　　　D. 打开工程

(8) Visual Basic 6.0 集成环境的主窗口中不包括_____。

A. 标题栏　　　　B. 菜单栏　　　　C. 状态栏　　　　D. 工具栏

(9) Visual Basic 窗体设计器的主要功能是_____。

A. 建立用户界面　　　　　　　　　B. 编写源程序代码

C. 画图　　　　　　　　　　　　　D. 显示文字

(10) 所谓的可视化技术"编程"采用的是_____的编程方法。

A. 面向事件　　　　　　　　　　　B. 面向过程

C. 面向对象　　　　　　　　　　　D. 面向属性

(11) VB 可视化编程有三个基本步骤,这三步依次是_____。

A. 创建工程,建立窗体,建立对象　　B. 创建工程,设计界面,保存工程

C. 建立窗体,设计对象,编写代码　　D. 设计界面,设置属性,编写代码

2. 填空题

(1) Visual Basic 中的窗体文件的扩展名是_____,模块文件的扩展名是_____,

工程文件的扩展名是＿＿＿＿。

（2）工具箱窗口中的工具分为＿＿＿＿控件和＿＿＿＿控件。

（3）Visual Basic 6.0 分为 3 种版本，这 3 种版本是＿＿＿＿、＿＿＿＿和＿＿＿＿。其中，最完整的是＿＿＿＿。

（4）＿＿＿＿的功能是查看指定表达式的值；＿＿＿＿的功能是显示当前过程所有局部变量的当前值；＿＿＿＿的功能是用于显示当前过程中的有关信息，当测试一个过程时，可在其中输入代码并立即执行。

（5）VB 应用程序通常由三类模块组成，即＿＿＿＿、标准模块和＿＿＿＿。

（6）假设在窗体上有两个文本框 Text1、Text2 和一个命令按钮 Command1，单击命令按钮的事件过程如下：

```
Private Sub Command1_Click( )
    Text1. Text = "VB 应用程序"
    Text2. Text = Text1. Text
    Text1. Text = "欢迎使用本系统！"
End Sub
```

程序运行后，Text1、Text2 中所显示的内容分别是＿＿＿＿＿＿和＿＿＿＿＿＿。

【习题答案】

【微信扫码】
参考答案 & 相关资源

第 **2** 章

窗体及常用控件

【目的要求】

➤ 学会根据要求设计窗体界面,合理使用常用控件,并对窗体进行布局。
➤ 掌握窗体及常用控件的属性、事件、方法。
➤ 掌握用程序代码方式设置属性的方法。
➤ 掌握命令菜单的创建方法。
➤ 熟悉多重窗体应用程序的创建方法。

【主要内容】

1. 用户界面

用户界面是应用程序中最重要的部分,是程序与用户进行交互的桥梁,标准的 Windows 应用程序界面都是由窗口、菜单条、按钮、文本框、列表框等对象构成的。

2. 窗体

窗体是设计 VB 应用程序的一个基本平台,是包含用户界面或对话框所需的各种控件对象的容器。在创建一个新的工程时,默认的第一个窗体即为启动窗体。

常用属性:Name、Caption、Enabled、Visible、ForeColor;
常用方法:Hide、Show、Print、Cls;
常用事件:Click、Initialize、Load、Activate;

3. 控件

控件是用户可与之交互以输入或操作数据的对象。以下所列控件的属性、事件、方法需要重点掌握。

(1)标签
常用属性:Caption、Alignment、Autosize;
常用方法:Refresh、Move;
(2)命令按钮
常用属性:Caption、Cancel、Default;
常用事件:Click;

常用方法：SetFocus；

（3）文本框

常用属性：Text、PasswordChar、MaxLength、Alignment；

常用事件：Change、KeyPress、LostFocus；

常用方法：Refresh、SetFocus；

（4）列表框

常用属性：List、ListCount、ListIndex、Text、Sorted；

常用事件：Click、DbClick；

常用方法：AddItem、RemoveItem、Clear；

（5）组合框

常用属性：Text、List、Style；

常用事件：Click、DbClick、Change；

常用方法：AddItem、RemoveItem、Clear；

（6）框架

常用属性：Visible、Enabled、Caption；

常用事件：Click、DblClick；

常用方法：Move；

（7）单选按钮、复选按钮

常用属性：Value、Caption；

常用事件：Click；

常用方法：Refresh；

（8）滚动条

常用属性：Max、Min、LargeChange、SmallChange、Value；

常用事件：Change；Scroll；

常用方法：SetFocus、Refresh；

（9）定时器

常用属性：Interval、Enabled；

常用事件：Timer；

（10）图形控件

① Image

常用属性：Visible、Enabled、BorderStyle、Picture、Stretch；

常用事件：Click、DblClick；

常用方法：Move；

② Picture

常用属性：Visible、Enabled、BorderStyle、Picture、AutoSize、Align；

常用事件：Click、DblClick、Change；

常用方法：Move；

③ Shape

常用属性：Visible、Shape、FillStyle；

常用方法：Move；

④ Line

常用属性：Visible、BorderStyle、BorderWidth；

4. 命令菜单

菜单按使用形式分为下拉式和弹出式两种，下拉式菜单位于窗口的顶部，弹出式菜单是独立于窗体菜单栏而显示在窗体内的浮动菜单。

5. 多重窗体的创建方法

一个工程中可以包含多个窗体，每个窗体都有自己的设计界面和相应的程序代码，它们各自执行自己的功能。

（1）添加窗体

通过选择"工程"菜单的"添加窗体"命令或工具栏的"添加窗体"按钮打开"添加窗体"对话框，然后选择"新建"选项卡新建一个窗体；或者选择"现存"选项卡，把一个已有的窗体添加到当前工程中。

（2）设置启动对象

设置启动对象，可以通过选择"工程"菜单中的"工程属性"命令打开"工程属性"对话框，然后在"通用"选项卡中的"启动对象"下拉列表框中选择指定的对象作为启动对象。

【实验操作】

1. 文本框练习程序

在名称为 Form1 的窗体上画三个文本框，名称分别为 T1、T2、T3，初始情况下都没有内容。请编写适当的事件过程，使得在运行时，在 T1 中输入病情描述，立即显示在 T3 中（如图 2.1 所示）。程序中不得使用任何变量。

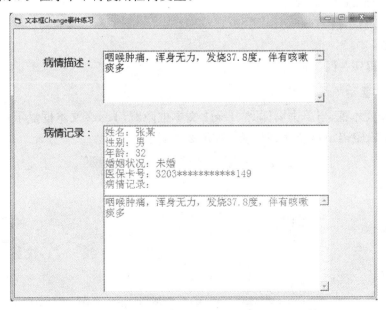

图 2.1　程序运行界面

实验步骤

（1）窗体设计

单击工具箱中的文本框控件，在窗体上画三个文本框和两个标签。

（2）属性设置

各控件的主要属性设置如表 2.1 所示。

表 2.1　主要对象的属性设置值

对　象	属性名称	属性值
Text1	Name	T1
	Text	（空）
	Multiline	True
	ScrollBars	2
Text2	Name	T2
	Text	（如图所示）姓名：张某……
	Enabled	False
	Multiline	True
Text3	Name	T3
	Text	（空）
	Enabled	False
	Multiline	True

（3）添加程序代码

Private Sub T1_Change( )

　　T3. Text = T1. Text

End Sub

（4）运行程序并保存

2. 文本框显示隐藏练习程序

设置两个文本框，当单击窗体时，Text1 文本框隐藏，Text2 文本框显示；双击窗体时，Text2 文本框隐藏，Text1 文本框显示。如图 2.2 所示。

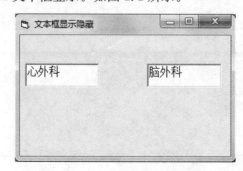

图 2.2　文本框显示隐藏界面

实验步骤

（1）窗体设计

单击工具箱中的文本框控件，在窗体上画两个文本框。

（2）属性设置

无需设置，默认属性即可。

（3）添加程序代码

```
Private Sub Form_Click( )
    Text1. Visible = False
    Text2. Visible = True
End Sub
Private Sub Form_DblClick( )
    Text2. Visible = False
    Text1. Visible = True
End Sub
```

（4）运行程序并保存

3. **标签框、文本框和命令按钮练习程序**

编写功能如图 2.3 所示的程序，程序界面由一个标签框，一个文本框，三个命令按钮组成，程序的功能如下：

图 2.3（a）　程序运行后的初始界面

图 2.3（b）　单击"显示界面"按钮后的界面

图 2.3（c）　单击"清除文字"按钮后的界面

① 当运行窗体时，标签框中的内容是"欢迎使用医院信息管理系统"；文本框中的内容是"本系统是由 VB 语言开发"。

② 当单击"显示界面"按钮时，标签框和文本框中的内容分别为"本医院信息管理系统的开发模型："和"瀑布模型"。

③ 当单击"清除文字"按钮时,标签框内容还原为"欢迎使用医院信息管理系统",而文本框内容以及文本框本身将自动消失。

④ 当单击"结束运行"按钮时,将结束运行,回到设计状态。

实验步骤

(1) 窗体设计

在窗体上添加一个标签框,一个文本框,三个命令按钮。

(2) 属性设置

各控件的主要属性设置如表 2.2 所示。

表 2.2　主要对象的属性设置值

对　象	属性名称	属性值
Command1	Caption	显示界面
Command2	Caption	清除文字
Command3	Caption	结束运行
所有控件	Font	四号、宋体加粗

(3) 添加程序代码

```
Private Sub Command1_Click( )
    Label1.Caption = "本医院信息管理系统的开发模型:"
    Text1.Visible = True
    Text1.Text = "瀑布模型"
End Sub
Private Sub Command2_Click( )
    Label1.Caption = "欢迎使用医院信息管理系统"
    Text1.Text = ""
    Text1.Visible = False
End Sub
Private Sub Command3_Click( )
    End
End Sub
Private Sub Form_Load( )
    Label1.Caption = "欢迎使用医院信息管理系统"
    Text1.Text = "本系统由 VB 语言开发"
End Sub
```

(4) 运行程序并保存

4. 文本框大小调整练习程序

在名称为 Text1 的文本框中输入如图所示的字符,当单击"扩大"按钮时,字体扩大 1.2 倍;当单击"缩小"按钮时,字体缩小相同的比例。

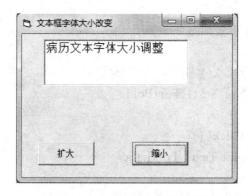

图 2.4　文本框字体大小改变界面

实验步骤

（1）窗体设计

在窗体上添加一个文本框，两个命令按钮。

（2）属性设置

按钮及窗口的 Caption 属性和文本框的 Text 属性设置如图 2.4 所示。

（3）添加程序代码

```
Private Sub Command1_Click( )
    Text1. FontSize = Text1. FontSize ＊ 1.2
End Sub
Private Sub Command2_Click( )
    Text1. FontSize = Text1. FontSize ∕ 1.2
End Sub
```

（4）运行程序并保存

5. 利用单选框和复选框进行文本框格式调整

在名称为 Form1 的窗体上布局如图 2.5 所示的控件，完成对文本框内容格式的调整。

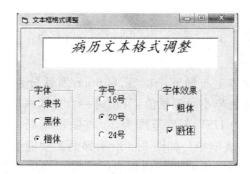

图 2.5　文本框格式调整界面

实验步骤

（1）窗体设计

在窗体上添加一个文本框，和三个框架，以及若干单选框和复选框，如图 2.5 所示。

（2）属性设置

各个控件的外观属性设置如图 2.5 所示。

（3）添加程序代码

```
Private Sub Check1_Click()
    Text1.FontBold = Not Text1.FontBold
End Sub
Private Sub Check2_Click()
    Text1.FontItalic = Not Text1.FontItalic
End Sub
Private Sub Option1_Click()
    Text1.FontSize = 16
End Sub
Private Sub Option2_Click()
    Text1.FontSize = 20
End Sub
Private Sub Option3_Click()
    Text1.FontSize = 24
End Sub
Private Sub Option4_Click()
    Text1.Font = "楷体"
End Sub
Private Sub Option5_Click()
    Text1.Font = "黑体"
End Sub
Private Sub Option6_Click()
    Text1.Font = "隶书"
End Sub
```

（4）运行程序并保存

6. 体温记录练习程序

在名称为 Form 的窗体上布局五个标签，Caption 属性分别为："请输入病人体温："、"℃"、"30℃"、"50℃"和"每半小时测量值："；布局一个文本框可以输入和显示体温值；布局一个水平滚动条，名称为 HS1，刻度范围为 30—50；再布局一个列表框，把每次在文本框输入的体温值添加在列表框中。如图 2.6 所示界面。功能如下：当在文本框中输入病人体温时，水平滚动条上的滑块就调整到相应的位置。当单击窗体时，就在列表框中添加文本框上的体温值。也可以通过调整滚动条上的滑块调整体温，其 Value 值在 Text1 文本框上显示。

图 2.6　体温记录界面

实验步骤

（1）窗体设计

在窗体上添加一个文本框，一个列表框以及一个水平滚动条，如图 2.6 所示。

（2）属性设置

表 2.3　主要对象的属性设置值

对　象	属性名称	属性值
HScrollBar1	Name	HS1
	Min	30
	Max	50
	SmallChange	1
	LargeChange	2

各控件的主要属性设置如表 2.3 所示，其他对象的属性都用其默认属性值即可。

（3）添加程序代码

```
Private Sub Form_Click()
    HS1.Value = Text1.Text
    List1.AddItem Text1.Text & "℃ "
End Sub
Private Sub HS1_Change()
    Text1.Text = HS1.Value
End Sub
```

```
Private Sub HS1_Scroll( )
    Text1.Text = HS1.Value
End Sub
```

（4）运行程序并保存

7. 文本框图片框显示比较

在名称为 Form1 的窗体上画一个空白文本框和一个图片框。通过文本框的 Change 事件在图片框中同步文本变化。如图 2.7 所示界面。

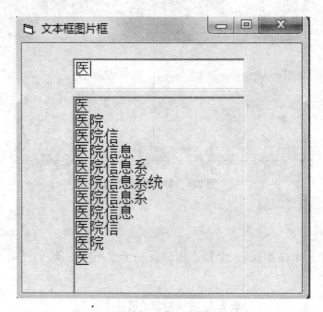

图 2.7　图片框同步文本框内容变化

实验步骤

（1）窗体设计

在窗体上添加一个文本框和一个图片框，如图 2.7 所示。

（2）属性设置

两个控件都用默认属性即可。

（3）添加程序代码

```
Private Sub Text1_Change( )
    Picture1.Print Text1.Text
End Sub
```

（4）运行程序并保存

8. 图像框大小调整

在名称为 Form1 的窗体上画一个图像框，并插入一副医学影像图片。再布局两个按钮，其功能是对图片大小进行调整。当单击"放大"按钮时，图片的高度、宽度各增加 100。当单击"缩小"按钮时，图片的高度、宽度各减少 100。如图 2.8 所示界面。

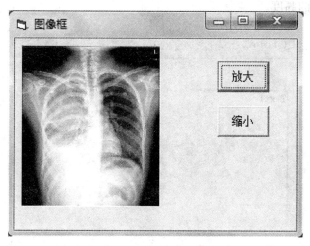

图 2.8 图像框大小调整

（1）窗体设计

在窗体上添加一个图像框和两个按钮，如图 2.8 所示。

（2）属性设置

各控件的主要属性设置如表 2.4 所示。

表 2.4 主要对象的属性设置值

对 象	属性名称	属性值
Image1	Stretch	True

（3）添加程序代码

Private Sub Form_Load( )

    Image1. Picture = LoadPicture("timg. jpg")

End Sub

Private Sub Command1_Click( )

    Image1. Height = Image1. Height + 100

    Image1. Width = Image1. Width + 100

End Sub

Private Sub Command2_Click( )

    Image1. Height = Image1. Height − 100

    Image1. Width = Image1. Width − 100

End Sub

（4）运行程序并保存

9. 滚动条和文本框练习程序

在名称为 Form1 的窗体上画一个空白文本框，名称为 Txt1，其高度为 1 500；再画一个垂直滚动条，名称为 Vsb1，其刻度范围为 1 500—2 000。如图 2.9 所示界面。功能如下：

请编写滚动条的 Change 事件过程，程序运行后，如果移动滚动框，则可按照滚动条的刻度值改变文本框的高度。

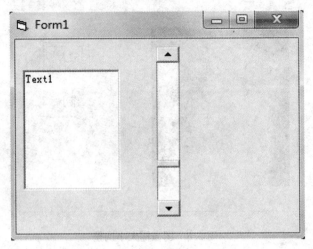

图 2.9　程序界面

实验步骤

(1) 窗体设计

在窗体上画一个文本框,再画一个垂直滚动条。

(2) 属性设置

各控件的主要属性值设置如表 2.5 所示。

表 2.5　对象的属性设置值

对　象	属性名称	属性值
Text1	Name	Txt1
	Height	1 500
VScrollBar	Name	Vsb1
	Max	2 000
	Min	1 500

(3) 添加程序代码

Private Sub Vsb1_Change( )

　　Txt1. Height = Vsb1. Value

End Sub

(4) 运行程序并保存

10. 图片框图像框练习程序

在名称为 Form1 的窗体上画一个图片框,名称为 PicMessage;再画两个图像框,名称分别为 Img1 和 Img2,其他控件布局如图 2.10 所示界面。功能如下:

当单击"读取信息"按钮时,在图片框上打印如图所示的个人信息。当单击"加载图像"时,同时加载两幅医学图像(B 超图像和 CT 图像)。当单击"交换"按钮时,B 超图像和 CT

图像进行交换,同时进行注释的标签也交换位置。当单击"清空"按钮时,两个图像框和一个图片框内容清空。当单击"退出"按钮时,退出程序。

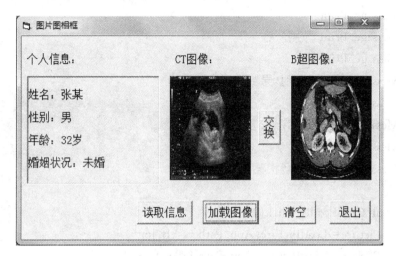

图 2.10 图片框图像框练习程序

实验步骤

(1) 窗体设计

在名称为 Form1 的窗体上画一个图片框,两个图像框,其他控件布局如图 2.10 所示。

(2) 界面属性设置

各控件的主要属性值设置如表 2.6 所示。

表 2.6 对象的属性设置值

对 象	属性名称	属性值
Picture1	Name	PicMessage
Image1	Name	Img1
Image2	Name	Img2
Command1	Name	CmdRead
	Caption	读取信息
Command2	Name	CmdLoadP
	Caption	加载图像
Command3	Name	CmdSwap
	Caption	交换
Command4	Name	CmdClear
	Caption	清空
Command5	Name	CmdExit
	Caption	退出

（3）添加程序代码

```
Private Sub CmdRead_Click( )
    PicMessage. Print
    PicMessage. Print "姓名:张某"
    PicMessage. Print
    PicMessage. Print "性别:男"
    PicMessage. Print
    PicMessage. Print "年龄:32 岁"
    PicMessage. Print
    PicMessage. Print "婚姻状况:未婚"
End Sub
Private Sub CmdLoadP_Click( )
    Img1. Picture = LoadPicture(App. Path + "\B. jpg")
    Img2. Picture = LoadPicture(App. Path + "\CT. jpg")
End Sub
Private Sub CmdSwap_Click( )
    t = Label2. Caption
    Label2. Caption = Label3. Caption
    Label3. Caption = t
    Form1. Picture = Img2. Picture
    Img2. Picture = Img1. Picture
    Img1. Picture = Form1. Picture
    Form1. Picture = LoadPicture("")
End Sub
Private Sub CmdClear_Click( )
    PicMessage. Cls
    Img1. Picture = LoadPicture( )
    Img2. Picture = LoadPicture( )
End Sub
Private Sub CmdExit_Click( )
    End
End Sub
```

（4）运行程序并保存

11. 滚动条调整图像框大小练习程序

在窗口上布局一个图像框、一个水平滚动条和一个垂直滚动条,用滚动条的滑块移动来控制一个医学图像的大小。如图 2.11 所示。

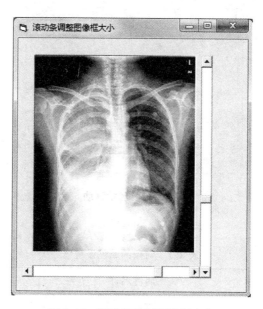

图 2.11　滚动条控制图像框大小

实验步骤

（1）窗体设计

在名称为 Form1 的窗体上画一个图像框 Image1，一个水平滚动条 HScroll1 和一个垂直滚动条 VScroll1。

（2）界面属性设置

各控件的属性值设置为默认即可，在 Image1 中加载一幅医学图像。

（3）添加程序代码

```
Private Sub Form_Load( )
    Image1. Picture = LoadPicture( "timg. jpg")
End Sub
Private Sub HScroll1_Scroll( )
    Image1. Width = HScroll1. Value
End Sub
Private Sub VScroll1_Scroll( )
    Image1. Height = VScroll1. Value
End Sub
```

（4）运行程序并保存

12. 形状移动练习

在一个窗口上布局一个椭圆形状和两个按钮。当单击左移时，形状向左位移 100；当单击右移时，形状向右移 100。如图 2.12 所示。

实验步骤

（1）窗体设计

在名称为 Form1 的窗体上画一个椭圆形状，两个按钮。

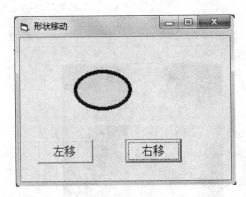

图 2.12 形状移动

（2）界面属性设置

表 2.7 对象的属性设置值

对 象	属性名称	属性值
Shape1	BorderColor	&H00C00000&
	FillColor	&H0000FFFF&
	BorderStyle	Solid
	BorderWidth	5

各控件的主要属性值设置如表 2.7 所示，其余的控件属性设置为默认即可。

（3）添加程序代码

```
Private Sub Command1_Click()
    Shape1.Left = Shape1.Left - 100
End Sub
Private Sub Command2_Click()
    Shape1.Left = Shape1.Left + 100
End Sub
```

（4）运行程序并保存

13. 设置直线属性完成构建三角形练习程序

在一个窗口上布局三条直线，完成三角形的构建。如图 2.13 所示。

图 2.13 直线构建三角形

实验步骤

（1）窗体设计

在名称为 Form1 的窗体上画三条直线。

（2）界面属性设置

各控件的主要属性值设置如表 2.8 所示。

表 2.8　对象的属性设置值

对　象	属性名称	属性值
Line1	X1	600
	Y1	1 600
	X2	1 600
	Y2	600
Line2	X1	600
	Y1	1 600
	X2	2 600
	Y2	1 600

（3）添加程序代码

无

（4）运行程序并保存

14. 列表框练习程序

在一个窗口上布局一个列表框和一个文本框，以及四个按钮，如图 2.14 所示。当单击
"添加"按钮时，把在文本框中的内容添加到列表框中；当选中列表框的某一行再点击"删除"
按钮时，删除这一行的内容；当单击"统计个数"按钮时，把列表框里列表项的个数显示在文
本框中；当单击"退出"按钮时，结束程序运行。当单击某一个列表项时，会在文本框中显示
此列表项的内容；当双击某一个列表项时，列表框和文本框内容清空。

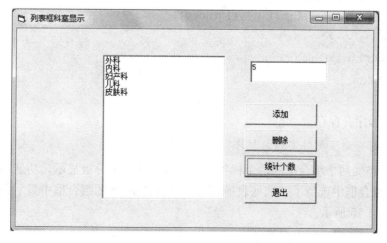

图 2.14　列表框科室显示

实验步骤

(1) 窗体设计

在名称为 Form1 的窗体布局一个列表框和一个文本框，以及四个按钮。

(2) 界面属性设置

各个控件的显示设置如图 2.14 所示，其他属性设置默认即可。

(3) 添加程序代码

```
Private Sub Form_Load( )
    List1. AddItem "外科"
    List1. AddItem "内科"
    List1. AddItem "妇产科"
    List1. AddItem "儿科"
    List1. AddItem "皮肤科"
End Sub
Private Sub Command1_Click( ) '添加
    List1. AddItem Text1
    Text1 = ""
End Sub
Private Sub Command2_Click( ) '删除
    List1. RemoveItem List1. ListIndex
End Sub
Private Sub Command3_Click( ) '统计个数
    Text1. Text = List1. List Count
End Sub
Private Sub Command4_Click( ) '退出
    End
End Sub
Private Sub List1_Click( )
    Text1. Text = List1. List(List1. ListIndex)
End Sub
Private Sub List1_DblClick( )
    List1. Clear
End Sub
```

(4) 运行程序并保存

15. 组合框查询医院科室练习程序

在窗体上布局两个组合框和两个标签来完成医院科室的分级显示。功能如下：当在"医院科室"下的组合框中选择了一项列表项，则在"二级科室"下的组合框中显示与之匹配的科室信息。如图 2.15 所示。

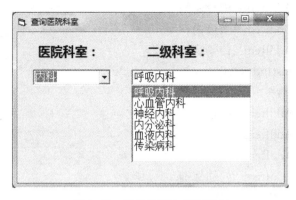

图 2.15　组合框查询医院科室

实验步骤

（1）窗体设计

在名称为 Form1 的窗体布局两个组合框和两个标签。

（2）界面属性设置

表 2.9　对象的属性设置值

对　　象	属性名称	属性值
Combo1	Name	CboC
	Style	0
Combo2	Name	CboD
	Style	1

各个控件的属性值设置如表 2.9 所示，其他属性设置默认即可。

（3）添加程序代码

Private Sub CboC_Click()

    CboD. Clear

    Select Case CboC. Text

      Case "外科"

        CboD. AddItem "心胸外科"

        CboD. AddItem "神经外科"

        CboD. AddItem "普通外科"

        CboD. AddItem "泌尿外科"

        CboD. AddItem "烧伤和整形外科"

        CboD. ListIndex = 0

      Case "内科"

        CboD. AddItem "呼吸内科"

        CboD. AddItem "心血管内科"

        CboD. AddItem "神经内科"

```
        CboD. AddItem "内分泌科"
        CboD. AddItem "血液内科"
        CboD. AddItem "传染病科"
        CboD. ListIndex = 0
    Case "妇产科"
        CboD. AddItem "妇科"
        CboD. AddItem "产科"
        CboD. AddItem "计划生育"
        CboD. AddItem "妇幼保健"
        CboD. ListIndex = 0
    Case "儿科"
        CboD. AddItem "儿科综合"
        CboD. AddItem "小儿内科"
        CboD. AddItem "小儿外科"
        CboD. AddItem "新生儿科"
        CboD. AddItem "儿童营养保健科"
        CboD. ListIndex = 0
    End Select
End Sub
Private Sub Form_Load( )
    CboC. AddItem "外科"
    CboC. AddItem "内科"
    CboC. AddItem "妇产科"
    CboC. AddItem "儿科"
End Sub
```

（4）运行程序并保存

16. 计时器控制文字闪烁

在一个窗口上画上一个计时器，一个标签和一个按钮。当单击"开始手术"按钮时，标签里的文字变为红色，每秒钟闪烁一次，文字内容为"手术正在进行中……"，按钮的提示内容变为"手术结束"；当单击"手术结束"按钮时，标签文本变为绿色，不再闪烁，文本内容为"手术结束"，按钮的提示内容变为"开始手术"。如图 2.16 所示。

图 2.16 计时器控制文字闪烁

实验步骤

（1）窗体设计

在名称为 Form1 的窗体上画上一个计时器，一个标签和一个按钮。

（2）界面属性设置

各个控件的显示设置如图 2.16 所示，其他属性设置默认即可。

（3）添加程序代码

```
Private Sub Form_Load( )
    Timer1. Enabled = False
    Timer1. Interval = 500
End Sub
Private Sub Cmd1_Click( )
    If Timer1. Enabled = True Then
        Timer1. Enabled = False
        Cmd1. Caption = "开始手术"
        Label1. Caption = "手术结束. "
        Label1. ForeColor = vbGreen
    Else
        Timer1. Enabled = True
        Cmd1. Caption = "手术结束"
        Label1. Caption = "手术正在进行中…… "
        Label1. ForeColor = vbRed
    End If
End Sub
Private Sub Timer1_Timer( )
    Label1. Visible = Not Label1. Visible
End Sub
```

（4）运行程序并保存

17. 菜单练习程序

在窗体上布局一个下拉式菜单和三个文本框。完成以下功能：当点击"字体设置"下拉菜单的子菜单时，Text1 中的文本格式设置为相应的匹配格式。当在 Text1 中单击右键出现弹出菜单，当单击"剪切"或"复制"菜单时，把文本框的内容复制到一个临时文本框 Text3 中，当在 Text2 中右键点击"粘贴"菜单时，粘贴 Text3 中的文本。如图 2.17 所示。

实验步骤

（1）窗体设计

在名称为 Form1 的窗体布局一

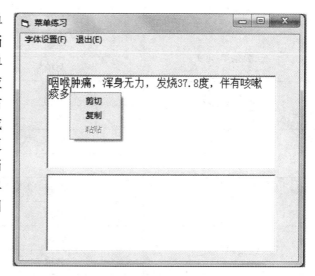

图 2.17　菜单练习

个下拉式菜单和三个文本框。

（2）界面属性设置

表 2.10　对象的属性设置值

对象	属性名称	属性值
Text1	Multiline	True
Text2	Multiline	True
Text3	Visible	False
一级菜单（题目）	标题	字体设置(&F)
	名称	Mnufont
二级菜单（字体）	标题	字体
	名称	Mnufontname
三级菜单（黑体）	标题	黑体
	名称	font1
三级菜单（隶书）	标题	隶书
	名称	font2
三级菜单（楷体）	标题	楷体
	名称	font3
二级菜单（字号）	标题	字号
	名称	Mnufontsize
三级菜单（20）	标题	20
	名称	size1
三级菜单（25）	标题	25
	名称	size2
三级菜单（30）	标题	30
	名称	size3
二级菜单（颜色）	标题	颜色
	名称	Mnufontcolor
三级菜单（红色）	标题	红色
	名称	fontred
三级菜单（绿色）	标题	绿色
	名称	fontgreen
三级菜单（蓝色）	标题	蓝色
	名称	fontblue

（续表）

对　象	属性名称	属性值
二级菜单（一）	标题	—
	名称	line
二级菜单（字形）	标题	字形
	名称	Mnufontfrom
三级菜单（粗体）	标题	粗体
	名称	bold
	快捷键	Ctrl＋B
三级菜单（斜体）	标题	斜体
	名称	italic
	快捷键	Ctrl＋I
一级菜单（退出）	标题	退出(&E)
	名称	quit
一级菜单（操作）	标题	操作
	名称	Mnuoperate
	可见	False
二级菜单（剪切）	标题	剪切
	名称	Mnucut
二级菜单（复制）	标题	复制
	名称	Mnucopy
二级菜单（粘贴）	标题	粘贴
	名称	Mnupaste

各个控件的属性值设置如表 2.10 所示,其他属性设置默认即可。

（3）添加程序代码

```
Private Sub bold_Click()
    bold.Checked = Not bold.Checked
    Text1.FontBold = Not Text1.FontBold
End Sub
Private Sub font1_Click()
    Text1.FontName = "黑体"
End Sub
Private Sub font2_Click()
    Text1.FontName = "隶书"
End Sub
```

```
Private Sub font3_Click()
    Text1.FontName = "楷体_gb2312"
End Sub
Private Sub fontblue_Click()
    Text1.ForeColor = RGB(0, 0, 255)
End Sub
Private Sub fontgreen_Click()
    Text1.ForeColor = RGB(0, 255, 0)
End Sub
Private Sub fontred_Click()
    Text1.ForeColor = RGB(255, 0, 0)
End Sub
Private Sub italic_Click()
    italic.Checked = Not italic.Checked
    Text1.FontItalic = Not Text1.FontItalic
End Sub
Private Sub Mnucopy_Click()
    Text3.Text = Text1.Text
End Sub
Private Sub Mnucut_Click()
    Text3.Text = Text1.Text
    Text1.Text = ""
End Sub
Private Sub Mnupaste_Click()
    Text2.Text = Text3.Text
End Sub
Private Sub quit_Click()
    End
End Sub
Private Sub size1_Click()
    Text1.FontSize = 20
End Sub
Private Sub size2_Click()
    Text1.FontSize = 25
End Sub
Private Sub size3_Click()
    Text1.FontSize = 30
End Sub
Private Sub MnuFont_Click()
```

```
    If Text1. Text = " " Then
        Mnufontname. Enabled = False
        Mnufontsize. Enabled = False
        Mnufontcolor. Enabled = False
    Else
        Mnufontname. Enabled = True
        Mnufontsize. Enabled = True
        Mnufontcolor. Enabled = True
    End If
End Sub
Private Sub Text1_MouseDown(Button As Integer, Shift As Integer, X As Single, Y
As Single)
    Mnucut. Enabled = True
    Mnucopy. Enabled = True
    Mnupaste. Enabled = False
    If Button = 2 Then PopupMenu Mnuoperate
End Sub
Private Sub Text2_MouseDown(Button As Integer, Shift As Integer, X As Single, Y
As Single)
    Mnucut. Enabled = False
    Mnucopy. Enabled = False
    Mnupaste. Enabled = True
    If Button = 2 Then PopupMenu Mnuoperate
End Sub
```

（4）运行程序并保存

18. 创建四个窗体

（1）第一个窗体如图 2.18(a)所示,等三秒钟后程序自动转到第二个窗体。

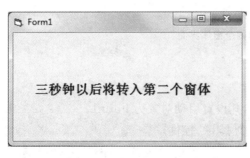

图 2.18(a)　第一个窗体界面　　　　　　图 2.18(b)　第二个窗体界面

（2）第二个窗体如图 2.18(b)所示。当单击第二个窗体的"查看医学影像"按钮时,程序跳转到第三个窗体。当单击"调整影像大小"的按钮时,程序跳转到第四个窗体。

(3) 加载本书的第 10 题作为第三个窗体如图 2.18(c)所示。

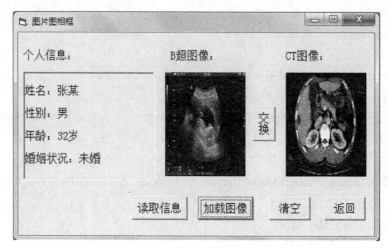

图 2.18(c) 第三个窗体界面

(4) 加载本书的第 11 题作为第四个窗体如图 2.18(d)所示。

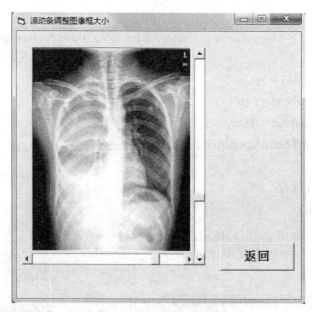

图 2.18(d) 第四个窗体界面

实验步骤

(1) 窗体设计

① 添加四个窗体分别为 Form1 和 Form2,并设置启动对象为 Form1。

② 在 Form1 上添加一个 Timer 控件和一个 Label 控件。

③ 在 Form2 上添加三个按钮。

④ 把本书的第 10 题添加到本题所建的工程中,作为 Form3。并把第 10 题中用过的两张图片"B.jpg"和"CT.jpg"复制到本题的文件夹中。

⑤ 把本书的第 11 题添加到本题所建的工程中,并把第 11 题中用过的图片"timg. jpg"复制到本题的文件夹中。

（2）属性设置

Form1 的主要属性值设置如表 2.11(1)所示。

表 2.11(1)　Form1 的主要属性值

对　象	属性名称	属性值
Timer1	Interval	3 000
	Enabled	True
Label1	Caption	"三秒钟后自动转入第二个窗体"
	Font	四号、粗体

Form2 的主要属性值设置如表 2.11(2)所示。

表 2.11(2)　Form2 的主要属性值

对　象	属性名称	属性值
Command1	Caption	查看医学影像
Command2	Caption	调整影像大小
Command3	Caption	退出

（3）添加程序代码

Form1 的程序代码：

```
Private Sub Timer1_Timer( )
    Form1. Hide
    Form2. Show
    Timer1. Enabled = False        ' 窗体二显示后把计时器即时关闭
End Sub
```

Form2 的程序代码：

```
Private Sub Command1_Click( )  '"题目 1"按钮单击事件
    Form2. Hide
    Form3. Show
End Sub
Private Sub Command2_Click( )  '"题目 2"按钮单击事件
    Form2. Hide
    Form4. Show
End Sub
Private Sub Command3_Click( )  '"退出"按钮单击事件
    End
End Sub
```

（4）运行程序并保存四个窗体和一个工程

【习题与答案】

1. 选择题

(1) 为了使标签具有"透明"的显示效果,需要设置的属性是_____。
A. Caption
B. Alignment
C. BackStyle
D. AutoSize

(2) 以下描述中错误的是_____。
A. 窗体的标题通过其 Caption 属性设置
B. 窗体的名称(Name 属性)可以在运行期间修改
C. 窗体的背景图形通过其 Picture 属性设置
D. 窗体最小化时的图标通过 Icon 属性设置

(3) 假定编写了如下 4 个窗体事件的事件过程,则运行应用程序并显示窗体后,已经执行的事件过程是_____。
A. Load
B. Click
C. LostFocus
D. KeyPress

(4) 窗体 Form1 上有一个名称为 Command1 的命令按钮,以下对应窗体单击事件的事件过程是_____。(2011.03)

A. Private Sub Form1_Click( )
　　...
　　End Sub

B. Private Sub Form_Click( )
　　...
　　End Sub

C. Private Sub Command1_Click( )
　　...
　　End Sub

D. Private Sub Command_Click( )
　　...
　　End Sub

(5) 为了使标签能自动调整大小以显示标题(Caption 属性)的全部文本内容,应把标签中的_____属性设置为 true。
A. Caption
B. Alignment
C. AutoSize
D. BorderStyle

(6) 设窗体的名称为 Form1,标题为 Win,则窗体的 MouseDown 事件过程的过程名是_____。(2010 年 3 月)
A. Form1_MouseDown
B. Win_MouseDown
C. Form_MouseDown
D. MouseDown_Form1

(7) 在程序运行时,下面的叙述中正确的是_____。
A. 用鼠标右键单击窗体中无控件的部分,会执行窗体的 Form_Load 事件过程
B. 用鼠标左键单击窗体的标题栏,会执行窗体的 Form_Click 事件过程
C. 只装入而不显示窗体,也会执行窗体的 Form_Load 事件过程
D. 装入窗体后,每次显示该窗体时,都会执行窗体的 Form_Click 事件过程

(8) 以下说法中错误的是_____。
A. 如果把一个命令按钮的 Default 属性设置为 True,则按回车健与单击该命令按钮的作用相同
B. 可以用多个命令按钮组成命令按钮数组

C. 命令按钮只能识别单击(Click)事件

D. 通过设置命令按钮的 Enabled 属性,可以使该命令按钮有效或禁用

(9) VB 中有 3 个键盘事件:KeyPress、KeyDown、KeyUp,若光标在 Text1 文本框中,则每输入一个字母_____。

A. 这 3 个事件都会触发

B. 只触发 KeyPress 事件

C. 只触发 KeyDown、KeyUp 事件

D. 不触发其中任何一个事件

(10) 要求当鼠标在图片框 P1 中移动时,立即在图片框中显示鼠标的位置坐标。下面能正确实现上述功能的事件过程是_____。

A.　Private Sub P1_MouseMove(Button AS Integer, Shift As Integer, X As Single, Y As Single)

　　　　　　Print X, Y

　　End Sub

B.　Private Sub P1_MouseDown(Button AS Integer, Shift As Integer, X As Single, Y As Single)

　　　　　　Picture. Print X, Y

　　End Sub

C.　Private Sub P1_MouseMove(Button AS Integer, Shift As Integer, X As Single, Y As Single)

　　　　　　P1. Print X, Y

　　End Sub

D.　Private Sub Form_MouseMove(Button AS Integer, Shift As Integer, X As Single, Y As Single)

　　　　　　P1. Print X, Y

　　End Sub

(11) 若看到程序中有以下事件过程,则可以肯定的是,当程序运行时,_____。

Private Sub Click_MouseDown(Button As Integer, _Shift As Integer, X As Single, Y As Single)

　　　　　　Print"VB Program"

End Sub

A. 用鼠标左键单击名称为"Command1"的命令按钮时,执行此过程

B. 用鼠标左键单击名称为"MouseDown"的命令按钮时,执行此过程

C. 用鼠标左键单击名称为"MouseDown"的控件时,执行此过程

D. 用鼠标左键或右键单击名称为"Click"的控件时,执行此过程

(12) 在利用"菜单编辑器"设计菜单时,为了把组合键【Alt＋X】设置为"退出(X)"菜单项的访问键,可以将该菜单项的标题设置为_____。(2009 年 9 月)

A. 退出(X&)　　　　B. 退出(&X)　　　　C. 退出(X♯)　　　　D. 退出(♯X)

(13) 以下关于窗体的描述中,错误的是_____。

A. 执行 Unload Form1 语句后,窗体 Form1 消失,但仍在内存中

B. 窗体的 Load 事件在加载窗体时发生

C. 当窗体的 Enabled 属性为 False 时,通过鼠标和键盘对窗体的操作都被禁止

D. 窗体的 Height、Width 属性用于设置窗体的高和宽

(14) 下面可以激活属性窗口的操作是_____。

A. 用鼠标双击窗体的任何部位   B. 选择"格式"→"属性窗口"命令

C. 按 Ctrl+F4 键   D. 按 F4 键

(15) 确定一个控件在窗体上的位置的属性是_____。

A. Width 或 Height   B. Width 和 Height

C. CurrentX 或 CurrentY   D. Top 和 Left

(16) 下述 4 项中不属于对象包含的内容是_____。

A. 对象名字   B. 对象类型

C. 对象所管理的方法名集合   D. 方法名所对应的代码片段

(17) 以下不具有 Picture 属性的对象是_____。

A. 窗体   B. 图片框

C. 图像框   D. 文本框

(18) 图像框有一个属性,可以自动调整图形的大小以适应图像框的尺寸,这个属性是_____。

A. AutoSize   B. Stretch

C. AutoRedraw   D. Appearance

(19) 设窗体上的组合框 Combo1 中含有 3 个项目,则以下能删除最后一项的语句是_____。

A. Combo1. RemoveItem Text   B. Combo1. RemoveItem 2

C. Combo1. RemoveItem 3   D. Combo1. RemoveItem Combo1. Listcount

(20) 列表框中 TabIndex 属性表示的意义是_____。

A. 被选中列表项的序号   B. 列表框的项的总数

C. 列表框获取 Tab 焦点的序号   D. 无此属性

(21) 以下关于焦点的叙述中,错误的是_____。

A. 如果文本框的 TabStop 属性为 False,则不能接收从键盘上输入的数据

B. 当文本框失去焦点时,触发 LostFocus 事件

C. 当文本框的 Enabled 属性为 False 时,其 Tab 顺序不起作用

D. 可以用 TabIndex 属性改变 Tab 顺序

(22) 如果要在菜单中添加一个分隔线,则应将其 Caption 属性设置为_____。

A. =   B. *   C. &   D. —

2. 填空题

(1) 在窗体上已经画好了两个文本框和一个命令按钮,然后在命令按钮的代码窗口中编写如下程序段:

```
Private Sub Command_Click()
```

Text1. Text = "欢迎使用 Visual Basic 语言"

Text2. Text = "编写应用程序"

End Sub

程序运行时,单击命令按钮后,两个文本框中所显示的内分别是_____和_____。

(2) 属性窗口分为左右两栏,左边一栏为_____,右边一栏为_____。

(3) 在 Visual Basic 中,事件的名称是固定的,它们是 VB 的_____。

(4) 为了选择多个控件,可以按住_____键,然后单击每个控件。

(5) 编程实现加法计算,在两个文本框中输入加数,用标签表示结果,单击按钮进行计算,完成下列计算过程:

Private Sub Command1_Click( )

Dim A As Integer, B As Integer

A = _____

B = Val(Text2. Text)

____ = A + B

End Sub

(6) 要使列表框中的选项能同时选中多个,应设置列表框的_____属性。

(7) 要使定时器控件每隔 0.3 秒发生一次 Timer 事件,应把它的_____属性设置为_____。

(8) 所谓 Tab 键顺序,就是指_____在各个控件之间移动的顺序。设置控件的_____属性可以屏蔽控件的 Tab 键顺序。

【习题答案】

【微信扫码】

参考答案 & 相关资源

第 3 章

Visual Basic 程序设计基础

【目的要求】

➤ 掌握 Visual Basic 数据类型的基本概念和定义方法。
➤ 了解常量的概念、类型，掌握定义常量的方法。
➤ 掌握变量的命名规则和变量定义的方法。
➤ 掌握常用内部函数的功能及使用方法。
➤ 掌握各类运算符的功能和优先顺序以及各类表达式的运算规则。
➤ 掌握数据输入和输出操作中的常用函数、语句和方法。
➤ 了解程序代码的编写规则。

【主要内容】

1. Visual Basic 数据类型

常用的数据类型包括整型、长整型、单精度型、双精度型、字符型和逻辑型。

2. 常量和变量

在程序运行过程中取值始终不变的数据称为常量，常量可以是具体的数值，也可以是用户事先声明的符号。程序运行过程中取值随时都可发生变化的数据称为变量，变量以符号形式出现，代表数据存放在内存中的位置。

(1) 常量

3 种类型的常量：直接常量、符号常量和系统常量。

直接常量又称为常数，分为数值常量、字符串常量、逻辑常量和日期常量四种，例如 218、-3.15D2、"你好"、true、#2:40:25PM# 等都是直接常量。

符号常量是以符号形式出现，定义符号常量的格式为：

[Public | Private] Const 常量名 [As Type] = 表达式

系统常量是由 Visual Basic 系统定义，在程序中可以直接使用，例如 vbCrLf、vbRed 等。

(2) 变量

变量以符号形式来表示存放数据的内存位置，程序中通过变量名引用相应的变量。

变量命名：变量名不区分大小写，变量名必须以字母开头，变量名只能由字母、数字或下划线组成,长度不能超过 255 个字符,不能使用 Visual Basic 中的关键字,在同一个作用域范围内必须唯一。

变量声明:变量声明的一般格式为:

Dim 变量名 As 数据类型 [,变量名 As 数据类型]……

注意:在用 Dim 定义变量后,系统会根据不同的数据类型给变量赋一个初值:数值型变量的初值为 0,布尔型变量的初值为 False,变长字符型变量的初值为空字符串,而定长字符型变量的初值为给定长度的空格,变体型变量的初值为空。

3. 运算符和表达式

Visual Basic 中的运算符主要包括算术运算符、关系运算符、逻辑运算符和连接运算符。各类运算符之间的优先顺序如下:

算术运算符	$\wedge$,$-$,$*$、$/$,$\backslash$,Mod,$+$、$-$	由高到低	由
连接运算符	&、$+$	同级	高
关系运算符	$=$、$<>$,$>$,$>=$,$<$,$<=$	同级	到
逻辑运算符	Not,And,or	由高到低	低

其中",″为不同优先级,"、″为相同优先级。

书写 Visual Basic 表达式时要注意必须从左到右书写,表达式中只有圆括号,没有其他类型的括号,而且要成对出现。

4. 常用内部函数

内部函数根据其实现功能的不同,分为数学函数、字符函数、日期和时间函数、转换函数、格式化函数等。对各类函数要熟练掌握和灵活应用,会使用 Visual Basic 帮助。

5. 数据的输入与输出

(1) InputBox 函数

显示一个带有提示的对话框,用户可以输入数据,单击按钮或回车键后返回对话框中文本框的内容,其返回值的类型是字符型。

一般格式如下:

变量名 = InputBox (prompt [,title] [,default] [,xpos] [,ypos] [,helpfile,context])

说明:第一个必选参数 prompt 其作用是提示用户的文字信息;第二个参数 Title 为对话框的标题;第三个参数 Default 显示在用户编辑框中的默认值。

(2) MsgBox 函数和语句

MsgBox 函数:生成各类消息框等待用户的响应,并通过返回的一个整型数值来说明用户的选择,其格式如下:

变量名 = MsgBox (Prompt [,ButtonType][,Title][,Helpfile, Context])

说明:第一个参数 Prompt 为提示用户的文字信息,是必选的参数;第二个参数 ButtonType 用于决定信息框中按钮的个数和类型以及出现在信息框中的图标类型;第三个参数 Title 为对话框的标题。

MsgBox 语句:仅需要简单的消息框提示而不需要返回值,用 MsgBox 语句,其格式如下:

MsgBox　提示信息[,ButtonType][,标题][,Helpfile, Context]

（3）Print 方法

Print 方法可以向窗体、图片框、立即窗口等对象中输出文本，其格式为：

[对象名.] Print [输出列表]

可以通过 Spc 函数或 Tab 函数来确定输出的位置，也可以通过分隔符逗号","或分号";"来确定输出后的定位。

6. 代码编写规则

（1）赋值语句：先计算出"="右边的表达式的值，然后赋值给"="左边的变量或对象属性。

形式：变量名＝表达式

　　　对象名.属性＝表达式

（2）代码书写规则

采用缩进格式编写代码使之呈锯齿形显示（使用 Tab 键），恰当使用注释，以提高程序的可读性。

多条语句写在一行，可用冒号":"隔开，一条语句分成多行显示可用续行符"_"（空格加下划线）。

【实验操作】

1. 设计系统登录界面

界面如图 3.1 所示。在文本框中输入登录口令，如果登录成功则弹出一个消息框，上面显示"医生登录成功，欢迎使用本系统！"，如图 3.2 所示。登录失败消息框显示"医生登录口令错误，请重试！"，如图 3.3 所示。

图 3.1　请输入医生登录口令界面

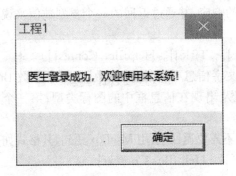

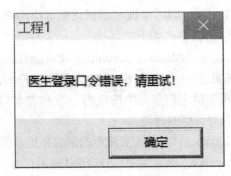

图 3.2　请输入医生登录口令界面　　　　图 3.3　请输入医生登录口令界面

实验步骤

（1）窗体设计

窗体由 1 个文本框、1 个命令按钮和 1 个标签组成。

（2）参照窗体界面为每个控件对象设置相应的属性

（3）编写程序代码

源码如下：

```
Private Sub Command1_Click()
    Dim s As String
    s = Text1. Text
    If   s = "12345" Then
        MsgBox "医生登录成功,欢迎使用本系统!"
    Else
        MsgBox "医生登录口令错误,请重试!"
    End If
End Sub
```

（4）运行程序并保存

进行数值运算时,运算结果的数据类型与操作数中存储空间较大的数据类型保持一致,但是也有特殊的,现归纳总结出一些特殊的类型如表 3.1 所示。运行以下程序并验证不同数据类型进行各类运算后结果的数据类型。

```
Private Sub Form_Click()
    '   %是 integer,& 是 long, !是 single,♯是 double
    Print 2 + 3&; TypeName(2 + 3&)
    Print 2& + 3!; TypeName(2& + 3!)
    Print 5 /4; TypeName(5 /4)
    Print 5 /4!; TypeName(5 /4!)
    Print 5!/4!; TypeName(5!/4!)
    Print 5\4; TypeName(5\4)
    Print 5&\4!; TypeName(5&\4!)
    Print 5 Mod 4; TypeName(5 Mod 4)
    Print 5& Mod 4!; TypeName(5& Mod 4!)
    Print 2^3; TypeName(2^3)
End Sub
```

表 3.1　特殊的算术表达式结果类型

运算符	操作数 1	操作数 2	表达式结果类型
＋　－　＊	Long	Single	Double
	Integer	Single	Single
／	Single	Single	Single
	其他任意类型	其他任意类型	Double

（续表）

运算符	操作数 1	操作数 2	表达式结果类型
\ mod	Integer	Integer	Integer
	其他任意类型	其他任意类型	Long
^	任意类型	任意类型	Double

2. 编写程序实现将摄氏温度 C 换算为华氏温度 F

程序运行界面如图 3.4 所示。两种温度之间的转换公式如下：

C＝(F－32) * 5/9

F＝C * 9/5＋32

例如：100 摄氏度 C 转化为华氏度 F＝100 * 9/5＋32＝212，故 100 摄氏温度等于 212 华氏温度。

在文本框中输入摄氏温度 C 的值，然后通过单击"温度转换"按钮，将摄氏温度 C 换算为华氏温度 F，在另一个标签控件上输出。

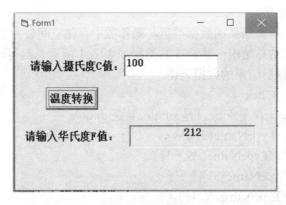

图 3.4　温度转换

实验步骤

(1) 创建窗体

在窗体上添加 2 个标签、1 个文本框和 1 个按钮，如图 3.4 所示。

(2) 界面属性设置

主要控件的属性设置如表 3.2 所示。

表 3.2　各控件的属性及值

控件	属性	值
Label1	Caption	"请输入摄氏度 C 值："
Label2	Caption	"请输入华氏度 F 值："
Llbl	Caption	空
Text1	Text	空
Command1	Caption	"温度转换"

（3）添加并完善程序代码

在命令按钮的单击事件中加入以下代码，实现弧度转换为角度。

```
Private Sub Command1_Click()
        Const pi As Single = 3.1415926
        Dim x As Single, a As Single, a1 As Single
        Dim C As Integer, F As Integer, m As Integer
        Dim y As String
        C = Val(Text1.Text)
F = _____
Lbl.Caption = _____
End Sub
```

（4）运行程序并保存

3. 根据输入病房的长度和宽度，计算病房的周长和面积

要求用两个 Text 文本框输入长度和宽度，用 MsgBox 函数输出显示病房的周长和面积。程序运行界面如图 3.5 所示，单击"长方形病房周长"按钮时显示如图 3.6 所示消息框界面，单击"长方形病房面积"按钮时显示如图 3.7 所示消息框界面。

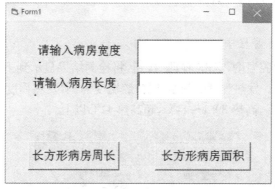

图 3.5　计算病房的周长和面积

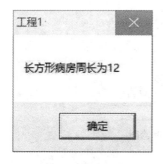

图 3.6　病房周长

图 3.7　病房面积

实验步骤

（1）创建窗体

在窗体上添加 2 个标签、2 个文本框和 2 个按钮。

（2）参照窗体界面为每个控件对象设置相应的属性
（3）添加并完善程序代码

```
Option Explicit
Dim A As Single, B As Single
Private Sub Command1_Click( )
    Dim LAs Single
    A = _____
    B = _____
    L = _____
    _____
End Sub
Private Sub Command2_Click( )
  Dim S As Single
    A = _____
    B = _____
    S = _____
    MsgBox "长方形病房面积为" & S
End Sub
```

4. 发烧程序诊断练习程序

在文本框中输入口腔温度，点击"检测"按钮，将检测结果显示到下面一个文本框中，程序运行界面如图 3.8 所示。发热程度的判断，以口腔温度为例，发热程度可划分为：低热 37.3～38℃，中等热 38.1～39℃，高热 39.1～41℃，超高热 41℃以上。

图 3.8　发烧程度诊断

实验步骤

（1）创建窗体界面

在窗体上添加 3 个标签、2 个文本框和 2 个按钮，如图 3.8 所示。

（2）设置控件的属性值

各控件的属性值设置如表 3.3 所示。

表 3.3　对象的属性设置值

控　件	属　性	值
Lable1	Caption	"发烧程度判断"
Lable2	Caption	"摄氏度"
Lable3	Caption	"检测结论"
Command1	Caption	"检测"
Command2	Caption	"返回"
Text1～Text2	Text	"　"

（3）添加并完善程序代码

```
Private Sub Command1_Click( )
    Dim x As Single, y As String
    x = Text1
    If _____ Then
        y = "数值错误，请重新输入！"
    ElseIf _____ Then
        _____
    ElseIf _____ Then
        _____
    ElseIf _____ Then
        _____
    ElseIf _____ Then
        _____
    End If
    Text2 = y
End Sub
```

5. 数字位置逆序练习程序

从键盘输入一个三位正整数，单击"数字函数"和"字符函数"按钮，则将其百位数、十位数字和个位数字位置逆序后输出。参考界面如图 3.9 所示。

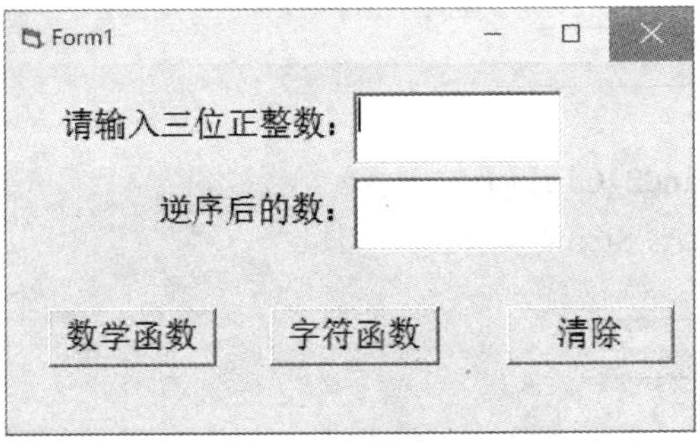

图 3.9　数字位置逆序后输出

要求:采用数学函数和字符函数两种方法来实现;单击"清除"按钮,将两个文本框清空,同时将焦点置于第 1 个文本框中。

数学函数方法实现的界面,先使用 MsgBox 函数输出显示百位数、十位数字和个位数字字符,界面如图 3.10 所示。单击"确定"按钮后,在文本框里面显示逆序后的数,界面如图 3.11 所示。

图 3.10 数字字符

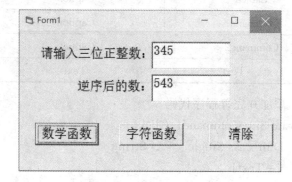

图 3.11 显示逆序后的数

实验步骤

(1) 创建窗体界面

在窗体上添加 2 个标签、2 个文本框和 3 个按钮,如图 3.9 所示。

(2) 设置控件的属性值

(3) 添加并完善程序代码

```
Private Sub Command1_Click()
Dim x As Integer, y As Integer, t As Integer
Dim c As Long, d As Long, e As Long, num As Long
num = Text1.Text
c = _____
num = _____
d = _____
num = _____
e = _____
MsgBox _____
t = _____
Text2.Text = _____
End Sub
Private Sub Command2_Click()
Dim s As String, t As String
s = _____
t = _____
End Sub
Private Sub Command3_Click()
```

_____

End Sub

6. 药品名称字符串分离练习程序

利用 InputBox 函数获取来自键盘输入的 3 个缩写药品名构成的字符串(8 个字符),判断该字符串长度是否为 8,若不是,弹出输入错误消息框,如图 3.12 所示。若长度是 8,则在窗体上分别显示字符串的前两个字符、中间三个字符和后三个字符,程序运行界面如图3.13所示。

图 3.12　出错信息框

图 3.13　运行结果界面

实验步骤

(1) 添加并完善程序代码

```
Option Explicit
Private Sub Form_Click()
    Dim s As String
    s = InputBox("请输入长度为 8 的字符串:")
    If _____ Then
        Print "前两个字符第一个药品名是:" & _____
        Print "中间三个字符第二个药品名是:" & _____
        Print "后三个字符第三个药品名是:" & _____
    Else
        _____
    End If
End Sub
```

【习题与答案】

1. 单项选择题

(1) 执行语句 s=Len(Mid("12345678",1,6))后,s 的值是_____。

A. 123456　　　　B. 234567　　　　　C. 6　　　　　　D. 11

(2) 以下叙述中错误的是_____。

A. 下拉式菜单能用菜单编辑器建立

B. 在多窗体程序中,每个窗体都可以建立自己的菜单系统

C. 能够对菜单项的 Click 事件编程

D. 如果把一个菜单项的 Enabled 属性设置为 False,则该菜单项不可见

(3) 在窗体上画一个命令按钮,其名称为 Command1,然后编写如下事件过程:

```
Private Sub Command1_Click( )
    A = "23456"
    Print Format $ (A, "000.00")
End Sub
```

程序运行后,单击命令按钮,窗体上显示的是_____。

A. 234.56   B. 23456.00

C. 23456   D. 00234.56

(4) 以下关于函数过程的叙述中,正确的是_____。

A. 函数过程形参的类型与函数返回值的类型没有关系

B. 在函数过程中,过程的返回值可以有多个

C. 当数组作为函数过程的参数时,既能以传值方式传递,也能以传址方式传递

D. 如果不指明函数过程参数的类型,则该参数不能有数据类型的参数

(5) 以下关于变量作用域的叙述中,正确的是_____。

A. 用 Dim 定义变量是静态变量

B. 静态变量必须在标准模块中声明

C. 用 Public 定义变量是全局变量

D. Static 类型变量的作用域范围是它所在的窗体

(6) 确定一个控件在窗体上的位置的属性是_____。

A. Width 和 Height   B. Width 或 Height

C. Top 和 Left   D. Top 或 Left

(7) 在窗体上画一个名称为 Text1 的文本框和一个名称为 Command1 的命令按钮,然后编写如下事件过程:

```
Private Sub Command1_Click( )
    Text1. Text = "234"
    Me. Text1 = "Ba"
    Text1 = "VR"
End Sub
```

程序运行后,如果单击命令按钮,则在文本框中显示的是_____。

A. 234   B. Ba   C. VR   D. 出错

(8) 以下关系表达式中,其值为 False 的是_____。

A. "ADC">"AdC"   B. "ABe"<>"ABey"

C. "VR" = UCase("Vr")   D. "Integer">"Int"

(9) 语句 Print Int(7/3 ∗ 9\5) Mod 2 的输出结果是_____。

A. 0   B. 1   C. 2   D. 3

(10) 浮点数除法的运算符是_____。

A. ÷　　　　　　B. /　　　　　　C. \　　　　　　D. Mod

(11) 删除字符串前导和尾随空格的函数是_____。

A. Ltrim()　　　　B. Rtrim　　　　C. Trim　　　　D. Lcase

(12) 设 a＝2，b＝3，c＝5，d＝8，则表达式 a＞b And c＜d Or 2＊b＞c 的值是_____。

A. 1　　　　　　B. －1　　　　　C. True　　　　D. False

(13) 数值型数据包括_____两种。

A. 整型和长整型　　　　　　　　　B. 整型和浮点型

C. 单精度型和双精度型　　　　　　D. 整型、实型和货币型

(14) 设 a＝3，b＝4，c＝5，d＝6，则表达式 4＞3＊b or a＝c and b＜＞c or c＞d 的值是

_____。

A. 1　　　　　　B. －1　　　　　C. True　　　　D. False

(15) 在窗体上画一个名称为 Command1 的命令按钮,然后编写如下事件过程:

```
Private Sub Command1_Click( )
    Move 300,300
End Sub
```

程序运行后,单击命令按钮,执行的操作为_____。

A. 命令按钮移动到距窗体左边界、上边界各 300 的位置

B. 窗体移动到距屏幕左边界、上边界各 300 的位置

C. 命令按钮向左、上方向各移动 300

D. 窗体向左、上方向各移动 300

(16) 关于变体数据类型的叙述正确的是_____。

A. 变体是一种没有数据类型的数据

B. 变体被赋给某一种类型数值后,就不能再赋给它另一种数据类型

C. 一个变量没有定义类型就赋值,该变量即为变体类型

D. 变体的空值就表示该变量的值为 0

(17) 在 Visual Basic 中,变量的默认类型是_____。

A. Integer　　　B. Double　　　C. Currency　　　D. Variant

(18) MsgBox 函数的返回值的数据类型是_____。

A. 字符串　　　B. 日期型　　　C. 逻辑型　　　D. 整型

(19) 有程序代码如下:

```
Text1.Text = "医疗信息系统"
```

则 Text1,Text,和"医疗信息系统"分别代表_____。

A. 对象,值,属性　　　　　　　　B. 对象,方法,属性

C. 对象,属性,值　　　　　　　　D. 属性,对象,值

(20) 如果仅需要得到当前系统时间,使用的函数是_____。

A. Now　　　　B. Time　　　　C. Year　　　　D. Date

(21) 表达式 Print 9/5－3^7＊5/3 Mod 9\7 的值为_____。

A. 20　　　　　B. 14　　　　　C. 2　　　　　D. 1.8

(22) 下列赋值语句正确的是_____。

A. A＋B＝C   B. C＝A＋B   C. －A＝B   D. 7＝A＋B

(23) 下列不是字符串常量的是_____。

A. "护士"   B. " "   C. "False"   D. ♯True♯

(24) 表达式 Print 34.95 Mod 5.67 的值是_____。

A. 1   B. 4   C. 5   D. 出错

(25) 在一个语句行内写多条语句时,语句之间应该用_____分隔。

A. 逗号   B. 分号   C. 顿号   D. 冒号

(26) 以下叙述中错误的是_____。

A. 在通用过程中,多个形式参数之间可以用逗号作为分隔符

B. 在 Print 方法中,多个输出项之间可以用逗号作为分隔符

C. 在 Dim 语句中,所定义的多个变量可以用逗号作为分隔符

D. 当一行中有多个语句时,可以用逗号作为分隔符

(27) 以下关于局部变量的叙述中错误的是_____。

A. 在过程中用 Dim 语句或 Static 语句声明的变量是局部变量

B. 局部变量所在的作用域是它所在的过程

C. 在过程中用 Static 语句声明的变量是静态局部变量

D. 过程执行完毕,用 Dim 或 Static 语句声明的变量即被释放

(28) 在窗体上有若干控件,其中有一个名称为 Text1 的文本框。影响 Text1 的 Tab 顺序的属性是_____。

A. TabStop   B. Enabled   C. Visible   D. TabIndex

(29) 下面程序运行时,若输入 395,则输出结果是_____。

```
Private Sub Comand1_Click()
    Dim x%
    x = InputBox("请输入一个 3 位整数")
    Print x Mod 10, x\100, (x Mod 100)\10
End Sub
```

A. 3 9 5   B. 5 3 9   C. 5 9 3   D. 3 5 9

(30) 在窗体上画一个名称为 Command1 的命令按钮,单击命令按钮时执行如下事件过程:

```
Private Sub Command1_Click()
    a$ = "software and hardware"
    b$ = Right(a$, 8)
    c$ = Mid(a$, 1, 8)
    MsgBox a$, b$, c$, 1
End Sub
```

则在弹出的信息框标题栏中显示的标题是_____。

A. software and hardware   B. hardware

C. software   D. 1

2. 填空题

(1) 货币类型的数据小数点的位置是固定的,精确到小数点后＿＿＿＿＿位。

(2) DefSng x 定义的变量 x 是＿＿＿＿＿＿类型的变量。

(3) 若变量未被定义,末尾也没有类型说明符,则该变量的默认类型是＿＿＿类型。

(4) 设 A＝4,b＝5;表达式 A＞b 的值是＿＿＿＿＿＿＿。

(5) 执行下面的程序段后,A、B 的值分别为＿＿＿、＿＿＿。

$$A＝100:B＝300$$
$$A＝A+B : B＝A-B : A＝A-B$$

(6) 表达式 1 Mod 2 ＊ 4^3/6\2 的值为＿＿＿＿＿＿。

(7) 要想在某个窗体中定义一个在其他模块中也能使用的整型变量 A,可使用的语句是＿＿＿＿＿＿＿＿＿。

(8) VB 的默认数据类型是＿＿＿＿＿＿,它可以存储各种类型的数据。

(9) 用户自定义数据类型只能在＿＿＿＿＿＿模块中定义。请定义一个用户自定义类型,类型名为 STU,有三个成员:姓名(Name, 8 个字符组成的字符串),年龄(Age,整型),数学成绩(Math,单精度型),类型定义的过程为＿＿＿＿＿＿。

(10) 表示"x＋y 小于 10,且 x－y 大于 0"的 VB 表达式为＿＿＿＿＿＿。

(11) 表示"x 和 y 都是正数或都是负数"的 VB 表达式是＿＿＿＿＿＿。

(12) 表示"A 和 B 之一为 0 但两者不同时为 0"的 VB 表达式为＿＿＿＿＿＿。

(13) 已知 K＝2, J＝3, A＝True,则 VB 表达式(K－J<＝K) And (Not A) Or (K＋J>＝J)的值为＿＿＿＿＿＿。

(14) 执行下列语句后,输出的结果是＿＿＿＿＿＿,＿＿＿＿＿＿

A$＝ "Good " : B $ = "Luck"

Print A$＋B $

Print A$ & B $

(15) 在 Visual Basic 的转换函数中将数值转换为字符串的函数是＿＿＿＿＿;将数字字符串转换为数值的函数是＿＿＿＿;将字符转换为相应的 ASCII 码的函数是＿＿＿＿。

(16) 闰年的条件是:年号(Y)能被 4 整除,但不能被 100 整除;或者年号能被 400 整除。表示该条件的逻辑表达式是:＿＿＿＿＿＿＿。

(17) 征兵的条件:男性(sex)年龄(age)在 18～20 岁之间,身高(size)在 170 以上;或者女性(sex)年龄(age)在 16～18 岁之间,身高(size)在 160 以上。设 sex 值为 True 代表男性,则征兵条件逻辑表达式为:＿＿＿＿＿＿。

(18) X 是小于 100 的非负数,对应的布尔表达式是＿＿＿＿＿＿。

(19) 执行如下两条语句,窗体上显示的是＿＿＿＿＿＿。

X＝7.8596

Print format(x, " $0,000.00")

(20) 在窗体上画一个文本框、一个标签和一个命令按钮,其名称分别为 Text1、Label1 和 Command1,然后编写如下两个事件过程:

Private Sub Command1_Click( )

　S $ = InputBox("请输入一个字符串")

```
    Text1. Text = S $
End Sub
Private Sub Text1_Change( )
    Label1. Caption = Ucase(Mid(Text1. Text, 7))
End Sub
```

程序运行后,单击命令按钮,将显示一个输入对话框,如果在该对话框中输入字符串 "VisualNURSE",则在标签中显示的内容是_____。

3. 编程题

在窗体上画两个文本框,名称分别为 Text1 和 Text2,内容为空,再画两个标签,名称分别为 L1 和 L2,标题分别为"输入时间(秒)"和"转换结果(时分秒)",再画一个命令按钮,名称为 C1,标题为"转换"。设计一个程序,要求:在 Text1 中显示以秒为单位的时间,单击"转换"按钮后转换成"时:分:秒"的形式,并显示在 Text2 中。程序运行情况如图 3.14 所示。

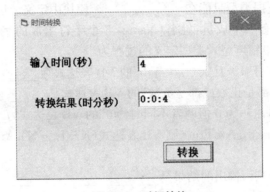

图 3.14 时间转换

【习题答案】

【微信扫码】
参考答案 & 相关资源

第 **4** 章

Visual Basic 的基本控制结构

【目的要求】

➤ 了解程序的结构及流程图。
➤ 掌握选择语句的结构及程序设计。
➤ 掌握循环语句的结构及程序设计。
➤ 了解 GoTo 语句的功能与使用方法。

【主要内容】

1. If 语句

本语句的常用格式有：

(1) If 条件 Then 语句

(2) If 条件 Then 语句 1 Else 语句 2

(3) If 条件 1 Then
  语句 1
 ［ElseIf 条件 2 Then
  语句 2］
 ［ElseIf 条件 3 Then
  语句 3］
    :
 ［Else
  语句 n］
 End If

2. Select Case 语句

本语句的语法格式为：

Select Case 测试表达式
  Case 测试结果 1
   语句组 1

```
        Case 测试结果 2
                语句组 2
                ···
        Case 测试结果 n-1
                语句组 n-1
        Case Else
                语句组 n
End Select
```

其中,测试表达式可以是数值表达式或字符串表达式。测试结果只能是简单条件,而不能是用逻辑运算符连接而成的复合条件。

测试结果必须与"测试表达式"的类型一致,可以是下面情形之一:

(1) 表达式[,表达式]···

当"测试表达式"的值与其中一个表达式的值相匹配时,就执行该 Case 子句的语句组。

如 Case-1, 1、Case "a", "A"等

(2) <表达式 1> To <表达式 2>

当"测试表达式"的值处在这个范围时,就执行该 Case 子句的语句组。

如 Case 1To 10、Case "A" To "Z"等

(3) Is 关系运算表达式

只要"测试表达式"的值满足给定的条件就执行该 Case 子句的语句组。

如 Case Is>=0   ' 当"测试表达式"的值大于等于 0 时,就执行该 Case 子句的语句组。

可以由以上 3 种形式混合组成,各种形式间用逗号分隔。

3. For···Next 循环语句

该语句是计数型循环语句,用于循环次数已知的循环结构。

语法格式为:

```
    For 计数器 = 初值 To 终值 [Step 增量]
        [循环体]
    Next 计数器
```

当步长为 1 时,Step 增量可省略。

For 循环的循环次数是由循环的初值、终值和步长 3 个因素确定。

计算公式为:循环次数=Int((终值-初值)/步长)+1

4. Do···Loop 循环语句

该语句是条件型循环语句,用于循环次数未知的循环结构。

语法格式为:

(1) Do [While|Until 循环条件]

```
        [循环体]
```

   Loop

(2) Do

[循环体]

Loop [While | Until 循环条件]

该循环语句的功能是：当指定的"循环条件"为 True 时重复执行循环体语句。

5．多重循环

多重循环对 Do…Loop 循环语句和 For…Next 循环语句均适用。

在使用多重循环时应注意：

（1）内循环变量和外循环变量不能同名。

（2）内循环必须完整地包含在外循环之内，不得相互交叉。

（3）若循环体内有 If 语句，或 If 语句内有循环语句，也不能交叉。

（4）不能从循环体外转向循环体内，也不能从外循环转向内循环，反之则可。

（5）在循环体中遇到 Exit For（Do）时，则只能跳出当前一层循环。

【实验操作】

1．一般情况下，人体空腹的时候血糖（GLU）正常值在 3.9～6.1 mmol/l（毫摩尔/升），如果血糖不在这个范围就是异常状态。新建工程，输入空腹血糖值，单击"判断"命令按钮，实现血糖判断。

分析

设输入血糖的值用 GLU 变量表示，通过比较其是否在 3.9～6.1 这个范围，进行判断，用 If 语句实现。

实验步骤

（1）窗体设计

窗体由 2 个文本框和 3 个命令按钮组成，2 个标签用于说明。在"血糖"标签右边的文本框中输入测试数据，单击"判断"按钮，给出判断结果；单击"清除"按钮清除文本框中已有数据；单击"结束"按钮，关闭程序。程序界面如图 4.1 所示。

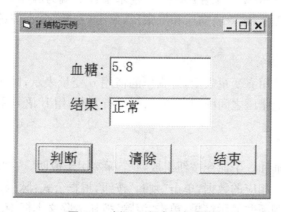

图 4.1 例 4.1 程序运行界面

（2）参照表 4.1 为每个控件对象设置相应的属性

表 4.1　各控件的属性及值

控　件	属　性	值
Form1	Caption	If 结构示例
Label1	Caption	血糖：
Label2	Caption	结果：
Text1	Text	（空）
Text2	Text	（空）
Command1	Caption	判断
Command2	Caption	清除
Command3	Caption	结束

（3）添加并完善程序代码

```
Option Explicit
Private Sub Command1_Click( )
    Dim GLU As Single
    GLU = _____
    If _____ Then
        Text2 = "正常"
    Else
        Text2 = _____
    End If
End Sub
```

"清除"和"结束"按钮的代码自行编写。

2. 血压分为收缩压与舒张压，收缩压与舒张压之间的差称为"脉压差"。一般情况下，正常人的脉压差为 20～60 毫米汞柱，大于 60 毫米汞柱的就为脉压差过大，小于 20 毫米汞柱的则为过小。新建工程，输入收缩压和舒张压，单击"判断"命令按钮，实现脉压差的计算和判断。

分析

设输入收缩压的值用 g 变量表示，舒张压的值用 d 变量表示，脉压差用变量 c 表示，通过计算得到收缩压与舒张压之间的"脉压差"，再进行判断，用 If 语句实现。

实验步骤

（1）窗体设计

窗体由 4 个文本框和 3 个命令按钮组成，4 个标签用于说明。在"收缩压"、"舒张压"标签右边的文本框中输入相应的数据，单击"判断"按钮，根据公式：脉压差＝收缩压－舒张压，计算出脉压差再进行判断并显示结果；单击"清除"按钮清除文本框中已有数据；单击"结束"按钮，关闭程序。程序界面如图 4.2 所示。

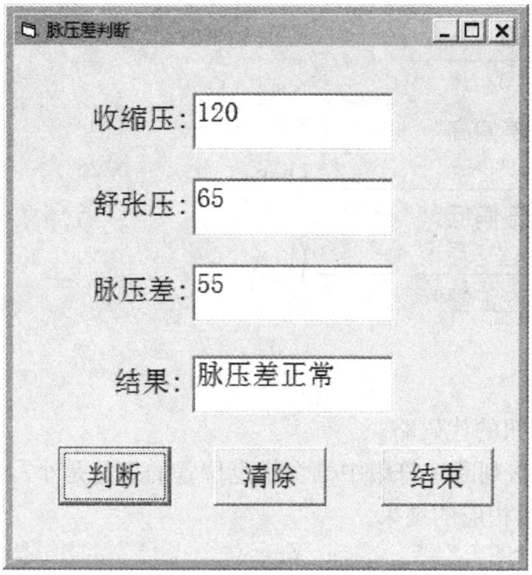

图 4.2 例 4.2 程序运行界面

（2）参照表 4.2 为每个控件对象设置相应的属性

表 4.2 各控件的属性及值

控 件	属 性	值
Form1	Caption	脉压差判断
Label1	Caption	收缩压：
Label2	Caption	舒张压：
Label3	Caption	脉压差：
Label4	Caption	结果：
Text1	Text	（空）
Text2	Text	（空）
Text3	Text	（空）
Text4	Text	（空）
Command1	Caption	判断
Command2	Caption	清除
Command3	Caption	结束

（3）添加并完善程序代码

```
Private Sub Command1_Click( )
    Dim g As Integer, d As Integer, c As Integer
    g = Val(Text1)
    d = _____
```

```
        c = g - d
        Text3 = _____
        If c>60 Then
            Text4 = "脉压差偏高"
        ElseIf _____ Then
            Text4 = "脉压差偏低"
        ElseIf _____ Then
            Text4 = "脉压差正常"
        End If
End Sub
```

"清除"和"结束"按钮的代码略。

3. 输入 1 个字符串,判断字符串中某个指定位置的字符是小写字母、大写字母、数字字符还是其他字符,并显示相应的结果。

分析

本题根据指定不同位置的字符进行判断,可以用 If 语句或 Select Case 语句实现。

实验步骤

(1) 窗体设计

窗体由 3 个文本框和 3 个命令按钮及用于说明的标签组成。在文本框 1 中输入字符串,在第 2 个文本框中输入要判断的字符的位置,单击"测试"命令按钮,在文本框 3 中显示测试结果。程序界面如图 4.3 所示。

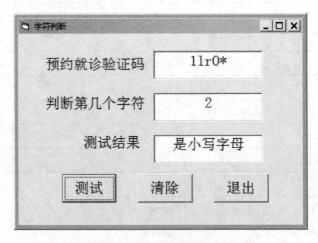

图 4.3　例 4.3 程序运行界面

(2) 参照表 4.3 为每个控件对象设置相应的属性

表 4.3　各控件的属性及值

控　件	属　性	值
Form1	Caption	字符判断
Label1	Caption	预约就诊验证码:

（续表）

控　件	属　性	值
Label2	Caption	判断第几个字符:
Label3	Caption	测试结果:
Text1	Text	（空）
Text2	Text	（空）
Text3	Text	（空）
Command1	Caption	测试
Command2	Caption	清除
Command3	Caption	退出

（3）添加并完善程序代码

```
Option Explicit
Private Sub Command1_Click( )
    Dim s As String, st As String * 1, i As Integer, n As Integer
    s = Text1. Text
    i = _____
    n = Len(s)
    If _____ Then
        MsgBox "指定位置出错,请重新输入!"
        Text2 = ""
    Else
        st = _____
        Select Case st
        Case _____
            Text3. Text = "是大写字母"
        Case "a" To "z"
            Text3. Text = "是小写字母"
        Case _____
            Text3. Text = "是数字字符"
        Case _____
            Text3. Text = "是其他字符"
        End Select
    End If
End Sub
```

"清除"和"退出"按钮的代码略。

4. 为了更好地保护就诊者个人信息,在输出个人信息时对联系方式进行保护处理,具体规则是将偶数位上字符替换为"＊"。编写程序,将文本框 2 中处在偶数位的字符用"＊"

代替,将文本框 1 和处理后的文本框 2 中的字符连接成新的字符串并显示在文本框 3 中。

分析

使用 For 循环语句和字符函数将处在偶数位上的字符替换为"＊",分别取出文本框 1 和处理后的文本框 2 中的字符连接成新的字符串。

实验步骤

(1) 窗体设计

窗体由 3 个文本框、3 个命令按钮及用于说明的标签组成。程序界面如图 4.4 所示。

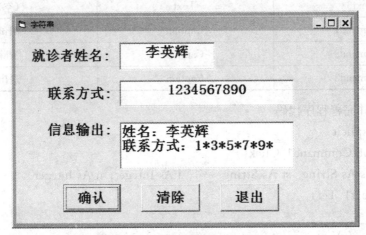

图 4.4　例 4.4 程序运行界面

(2) 参照表 4.4 为每个控件对象设置相应的属性

表 4.4　各控件的属性及值

控　件	属　性	值
Form1	Caption	字符串
Label1	Caption	就诊者姓名:
Label2	Caption	联系方式:
Label3	Caption	信息输出:
Text1	Text	(空)
Text2	Text	(空)
Text3	Text	(空)
Command1	Caption	确认
Command2	Caption	清除
Command3	Caption	退出

(3) 完善以下程序代码

```
Option Explicit
Private Sub Command1_Click()
    Dim name As String, tel As String, i As Integer
```

```
Dim s As String, str As String
name = _____
tel = Text2. Text
For i = 1 To _____
    s = _____
    If i Mod 2 = 0 Then s = _____
    str = str & s
Next i
Text3. Text = _____
End Sub
```

"清除"和"退出"按钮的代码略。

5. 编写程序,找出 1 000～2 000 以内的所有素数并作相应显示。

分析

所谓素数(质数)是指大于等于 2 且只能被 1 和自身整除的数,因此可以根据素数的定义来进行判断。

用数 n 依次除以 2 到 n−1 之间的所有数,若都无法整除,则 n 为素数。实际上,判断 1 个数 n 是否为素数并不需要从 2 判断到 n−1,只要从 2 判断到 n/2 或者 sqr(n)就可以了,这样可以提高判断速度。

本题可以用双重循环来实现,外循环用于对 1 000～2 000 之间的数逐个进行判断,若是素数则将其添加到列表框中并作相应的计数,内循环用于判断每个数是否为素数。

实验步骤

(1) 窗体设计

窗体由 1 个文本框、1 个列表框和 2 个命令按钮及用于说明的标签组成。程序运行时单击"查找"按钮,把找到的素数显示在列表框中,素数的个数显示在文本框中。程序界面如图 4.5 所示。

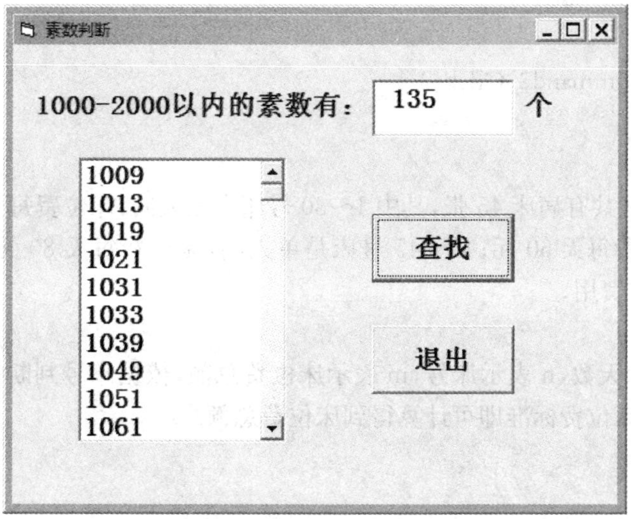

图 4.5　例 4.5 程序运行界面

（2）参照表 4.5 为每个控件对象设置相应的属性

表 4.5　各控件的属性及值

控　件	属　性	值
Form1	Caption	素数判断
Label1	Caption	1 000～2 000 以内的素数有：
Label2	Caption	个：
Text1	Text	（空）
List1	List	（空）
Command1	Caption	查找
Command2	Caption	退出

（3）添加并完善程序代码

```
Option Explicit
Private Sub Command1_Click()
    Dim n As Integer, i As Integer, j As Integer
    For n = 1000 To 2000
        For i = 2 To Int(Sqr(n))
            If _____ Then Exit For
        Next i
        If i > _____ Then
            List1.AddItem n
            j = _____
        End If
    Next n
    Text1.Text = Str(j)
End Sub
Private Sub Command2_Click()
    End
End Sub
```

6. 医院某病区共有病床 45 张,其中 1～30 号床是三人间,床位费每天 45 元;31～42 号床是双人间,床位费每天 60 元;43～45 号床是单人间,床位费每天 80 元。编写程序,统计病人住院期间床位费用。

分析

设变量 d 表示天数,n 表示床号,m 表示床位费总额,依据床号判断是单人间、双人间、三人间,按照不同床位费标准即可计算得到床位费总额。

实验步骤

（1）窗体设计

窗体由 3 个文本框、3 个命令按钮及用于说明的标签组成。程序界面如图 4.6 所示。

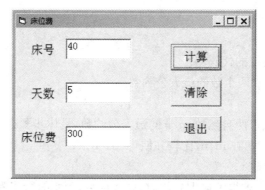

图 4.6 例 4.6 程序运行界面

（2）参照表 4.6 为每个控件对象设置相应的属性

表 4.6 各控件的属性及值

控　件	属　性	值
Form1	Caption	床位费
Label1	Caption	床号
Label2	Caption	天数
Label3	Caption	床位费
Text1	Text	（空）
Text2	Text	（空）
Text3	Text	（空）
Command1	Caption	计算
Command2	Caption	清除
Command3	Caption	退出

（3）完善程序代码

```
Private Sub Command1_Click( )
    Dim n As Integer, m As Integer, d As Integer
    n = _____
    d = Text2. Text
    Select Case n
        Case 1 To 30
            m = _____
        Case _____
            m = 60 * d
        Case 43 To 45
            m = _____
    End Select
End Select
```

```
    Text3 = m
End Sub
```

"清除"和"退出"按钮的代码略。

7. 编写程序,实现求两个数的最大公约数。

分析

可以用辗转相除法求两自然数 m,n 的最大公约数,具体步骤如下:

(1) 首先,对于已知两数 m,n,比较并使得 m>n;

(2) m 除以 n 得余数 r;

(3) 若 r=0,则 n 为求得的最大公约数,算法结束,否则执行步骤(4);

(4) 把 n 的值赋给 m 即:m=n,把余数 r 的值赋给 n 即 n=r,再重复执行(2)。

由于本题无法预知循环次数,可以用 Do…Loop 语句来解决。

实验步骤

(1) 窗体设计

窗体由 3 个文本框、3 个命令按钮及用于说明的标签组成。程序界面如图 4.7 所示。

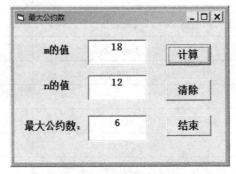

图 4.7 例 4.7 程序运行界面

(2) 参照表 4.7 为每个控件对象设置相应的属性

表 4.7 各控件的属性及值

控 件	属 性	值
Form1	Caption	最大公约数
Label1	Caption	m 的值
Label2	Caption	n 的值
Label3	Caption	最大公约数:
Text1	Text	(空)
Text2	Text	(空)
Text3	Text	(空)
Command1	Caption	计算
Command2	Caption	清除
Command3	Caption	结束

（3）添加并完善程序代码

```
Private Sub Command1_Click()
    Dim m As Integer, n As Integer, r As Integer
    m = Val(Text1.Text)
    n = _____
    Do
        r = _____
        m = n
        n = _____
    Loop Until _____
    Text3.Text = CStr(m)
End Sub
```

"清除"和"结束"按钮的代码略。

8. 计算以下公式前 n 项的和，n 的值由键盘输入。

$$s=1-\frac{2}{2!}+\frac{3}{3!}-\frac{4}{4!}+\frac{5}{5!}-\cdots\cdots$$

分析

观察多项式就会发现，奇数项为正，偶数项为负，各项分子与分母的阶乘数相同，各相邻项指数相差为 1。因此，可以利用循环语句来解决。

实验步骤

（1）窗体设计

窗体由 2 个文本框、3 个命令按钮及用于说明的标签组成。程序界面如图 4.8 所示。

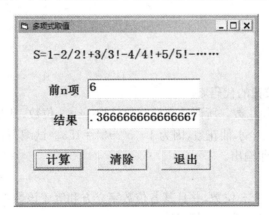

图 4.8　例 4.8 程序运行界面

（2）参照表 4.8 为每个控件对象设置相应的属性

表 4.8　各控件的属性及值

控 件	属 性	值
Form1	Caption	多项式求值
Label1	Caption	S=1−2/2!＋3/3!－4/4!＋5/5!－……

（续表）

控　件	属　性	值
Label2	Caption	前 n 项
Label3	Caption	结果
Text1	Text	（空）
Text2	Text	（空）
Command1	Caption	计算
Command2	Caption	清除
Command3	Caption	退出

（3）添加并完善程序代码

```
Private Sub Command1_Click( )
    Dim n As Integer, i As Integer, sign As Integer
    Dim S As Double, m As Double
    S = _____
    sign = 1
    m = 1
    n = _____
    For i = 1 To n
        m = _____
        S = S + sign * i /m
        sign = _____
    Next i
    Text2 = S
End Sub
```

"清除"和"退出"按钮的代码略。

9. 输出所有的水仙花数。所谓的水仙花数是指一个 3 位数，其各位数字立方和等于该数本身。例如：153 是一个水仙花数，因为 $1^3 + 5^3 + 3^3 = 153$。试编写程序找出所有的水仙花数，并将其在窗体上打印输出。

分析

由于水仙花数是一个 3 位数，并且其各位数字立方和等于该数本身，可以按照公式通过穷举法进行验证，将满足条件的数打印输出。

实验步骤

（1）窗体设计

窗体由 1 个命令按钮组成。程序界面如图 4.9 所示。

（2）参照窗体界面为每个控件对象设置相应的属性

（3）根据分析自行完成全部程序代码编写

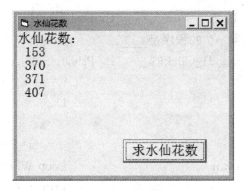

图 4.9　例 4.9 程序运行界面

【习题与答案】

1. 单项选择题

（1）下列有关 Select Case 的语句中，错误的是_____。

A. Case−2 To 2

B. Case Is<=20

C. Case x>10 Or x<−20

D. Case "a","A"

（2）下面程序段中，循环体被执行的次数是_____次。

```
s = 0
For i = 3 To 28 Step 5
        s = s + 3
Next i
```

A. 3　　　　　　　B. 4　　　　　　C. 5　　　　　　D. 6

（3）下列循环语句的循环次数为_____。

```
i = 6
Do while i<=20
    i = i + 3
Loop
```

A. 8　　　　　　　B. 5　　　　　　C. 6　　　　　　D. 7

（4）以下_____语句是错误的。

A. For…Next　　　　　　　　　　B. Do…Loop While

C. For…Loop　　　　　　　　　　D. Do While…Loop

（5）运行以下程序后，输出结果是____。

```
For I = 1 to 5 step 2
    cls
    print "I = ";I;
Next
```

A. 135　　　　　　B. 5　　　　　C. I＝1 I＝3 I＝5　　D. I＝5

（6）以下能够正确计算 *n*! 的程序是＿＿。

A. Private Sub Command1_Click( )
```
    n = 5: x = 1
    Do
        x = x * i
        i = i + 1
    Loop While i <n
    Print x
End Sub
```

B. Private Sub Command1_Click( )
```
    n = 5: x = 1: i = 1
    Do
        x = x * i
        i = i + 1
    Loop While i <n
    Print x
End Sub
```

C. Private Sub Command1_Click( )
```
    n = 5: x = 1: i = 1
    Do
        x = x * i
        i = i + 1
    Loop While i <= n
    Print x
End Sub
```

D. Private Sub Command1_Click( )
```
    n = 5: x = 1: i = 1
    Do
        x = x * i
        i = i + 1
    Loop While i > n
    Print x
End Sub
```

（7）在窗体上画一个名称为 Command1 的命令按钮和两个名称分别为 Text1、Text2 的文本框，然后编写如下事件过程：

```
Private Sub Command1_Click( )
    n = Text1. Text
    Select Case n
        Case 1 To 20
            x = 10
        Case 2, 4, 6
            x = 20
        Case Is < 10
            x = 30
        Case 10
            x = 40
    End Select
    Text2. Text = x
End Sub
```

程序运行后，如果在文本框 Text1 中输入 10，然后单击命令按钮，则在 Text2 中显示的内容是＿＿＿＿。

A. 10　　　　　　B. 20　　　　　　C. 30　　　　　　D. 40

（8）设有以下循环结构：

Do

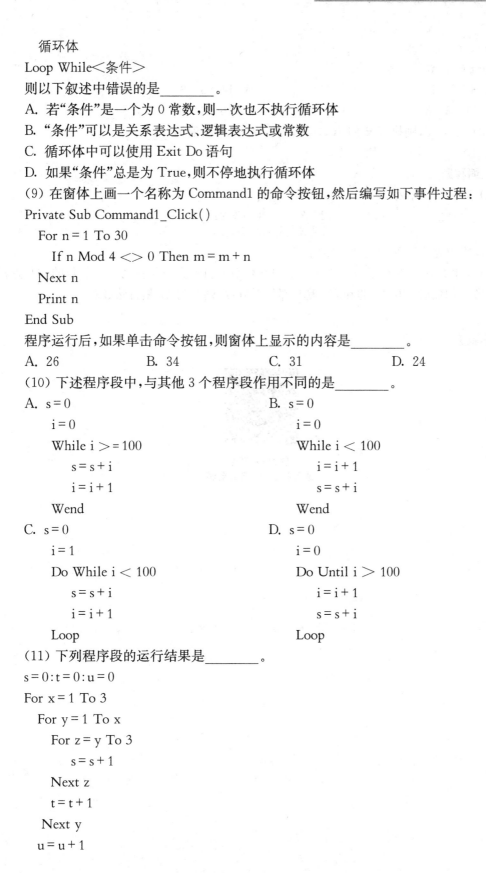

循环体

Loop While＜条件＞

则以下叙述中错误的是＿＿＿＿＿。

A. 若"条件"是一个为 0 常数，则一次也不执行循环体

B. "条件"可以是关系表达式、逻辑表达式或常数

C. 循环体中可以使用 Exit Do 语句

D. 如果"条件"总是为 True，则不停地执行循环体

(9) 在窗体上画一个名称为 Command1 的命令按钮，然后编写如下事件过程：

```
Private Sub Command1_Click()
    For n = 1 To 30
        If n Mod 4 <> 0 Then m = m + n
    Next n
    Print n
End Sub
```

程序运行后，如果单击命令按钮，则窗体上显示的内容是＿＿＿＿＿。

A. 26　　　　　　B. 34　　　　　　C. 31　　　　　　D. 24

(10) 下述程序段中，与其他 3 个程序段作用不同的是＿＿＿＿＿。

```
A.  s = 0                      B.  s = 0
    i = 0                          i = 0
    While i >= 100                 While i < 100
        s = s + i                      i = i + 1
        i = i + 1                      s = s + i
    Wend                           Wend

C.  s = 0                      D.  s = 0
    i = 1                          i = 0
    Do While i < 100               Do Until i > 100
        s = s + i                      i = i + 1
        i = i + 1                      s = s + i
    Loop                           Loop
```

(11) 下列程序段的运行结果是＿＿＿＿＿。

```
s = 0 : t = 0 : u = 0
For x = 1 To 3
    For y = 1 To x
        For z = y To 3
            s = s + 1
        Next z
        t = t + 1
    Next y
    u = u + 1
```

Next x

Print s; t; u

A. 3　6　14　　　　　　　　　　　B. 14　6　3

C. 14　3　6　　　　　　　　　　　D. 16　4　3

(12) 设 a＝3,则执行 x＝IIf(a＞10,－2,2)后,x 的值为____。

A. 10　　　　　　B. －2　　　　　　C. 2　　　　　　D. 3

2. 编程题

(1) 有一分数序列:

$$\frac{2}{1},\frac{3}{2},\frac{5}{3},\frac{8}{5},\frac{13}{8},\frac{21}{13},\cdots$$

编程求出这个数列的前 20 项之和。

(2) 编程求出所有小于或等于 100 的自然数对。自然数对是指两个自然数的和与差都是平方数。如数对 8 与 17 的和 25、差 9 都是平方数,则 8 与 17 是自然数对。

【习题答案】

【微信扫码】
参考答案 & 相关资源

第 **5** 章

数　组

【目的要求】

➢ 理解数组的定义和应用意义。

➢ 常规数组的声明及基本操作。

➢ 动态数组的声明及应用。

➢ 控件数组的使用。

【主要内容】

1. 数组的声明

数组必须先声明后使用,声明数组就是让系统在内存中分配一个连续区域,用来存储数组元素。声明内容:数组名、数组维数、数组大小、数组类型,一般情况下,数组中各元素类型必须相同。

(1) 固定大小数组

声明时确定了大小的数组,声明格式及注意事项如下:

Public|Private|Static|Dim 数组名([<下界 1>] to 上界 1[,<下界 2> to 上界 2……])
[As <数据类型>]

其中,数组名的命名规则与简单变量命名规则相同,使用 Public、Private、Static、Dim 关键字定义的数组其作用域不同。

① 下标个数决定数组的维数,最多 60 维;

② 每一维的大小＝上界－下界＋1;

③ 数组的大小＝每一维大小的乘积;

④ 数组的上下界必须是常数、数值型常量或常量表达式,不能是变量(即便变量有值);

⑤ 缺省下界,默认为 0,也可以由 Option Base 语句指定下界的值。

(2) 动态数组

声明时没有给定数组大小,即省略了括号中的下标,使用时还需要用 Redim 语句重新指出其大小。使用动态数组的优势是用户可以根据实际需要,有效利用存储空间,它是在程序执行到 Redim 语句时才分配存储单元,而静态数组是在程序编译时分配存储单元。

声明格式及注意事项如下：

Public|Private|Static|Dim 数组名( ) [As <数据类型>]

Redim 语句只能出现在程序中,格式为：

Redim [Preserve] 数组名([<下界 1>] to 上界 1[,<下界 2> to 上界 2……])[As <数据类型>]

① 动态数组 Redim 语句中的下标可以是常量,也可以是有了确定值的变量;

② 在过程中可以多次使用 Redim 来改变数组的大小,也可以改变数组的维数;

③ 每次使用 Redim 都会使原来数组中的值丢失,若 Redim 后接 Preserve 关键字,则保留数组中的数据,但使用 Preserve 关键字就只能改变最后一维的大小,前面几维无法改变。

2. 数组的使用

(1) 数组的基本操作

① 给数组元素赋初值,有以下几种方法：

● 使用赋值语句赋值

● 通过循环进行赋值

● 使用 Array 函数赋值

● 数组直接赋值

② 数组的输入与输出,有以下几种方法：

● 通过 Inputbox 函数输入

● 通过文本框输入

● 窗体和图片框用 print 方法输出(若换行,令 print 语句后无分隔符)

● 通过文本框输出(若换行,使用系统常量 vbCrLf,或 Chr(13) & Chr(10))

(2) 数组函数与语句

① 使用 LBound 函数和 UBound 函数可求得数组维界的下界和上界值;

② 使用 Erase 语句可重新初始化数组元素的值;

● 对于固定数组可以重新初始化各元素值为 0

● 对于动态数组可以释放数组内存空间

③ 使用 For Each …Next 语句可让数组元素逐个执行某段代码,直到元素结束为止。

格式：For Each <变体变量> In <数组名>

    语句组

    [Exit for]

    语句组

    Next <变体变量>

(3) 数组的常用算法(详细讲解见主教材)

数组常用算法在实际应用中频繁出现,掌握这些基本算法可以提高编程效率。

① 排序。根据排序方法的不同,主要有选择排序和冒泡排序。

② 查找。主要是顺序查找和二分查找。使用二分查找时,数组必须是升序的,可以先通过排序算法先排序后再进行二分查找。

3. 控件数组

控件数组是由一组相同类型的控件组成的,它们共用一个控件名,数组元素凭借 Index

值相互区分。

控件数组适用于若干个控件执行相似操作的应用,该组控件共享统一的事件过程。

建立控件数组的方法有两种:一是在界面设计时建立;一是通过程序代码完成。

【实验操作】

1. 编写程序,利用数组保存一组 8 名新生儿的身高,并求出平均身高。

分析

可以用一维数组存储数据,利用 InputBox 函数输入新生儿的身高,先对所有数据进行求和,再除以个数就可以得到平均值。

实验步骤

(1) 窗体设计

程序界面如图 5.1 和图 5.2 所示。

图 5.1 输入数据

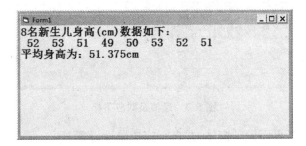

图 5.2 输出结果

(2) 参照窗体界面为每个控件对象设置相应的属性

(3) 添加并完善程序代码

```
Option Base 1
Private Sub form_Click()
    Dim a(1 To 8) As Single
    Dim i As Integer, h As Single, s As Single
    Print "8 名新生儿身高(cm)数据如下:"
    For i = 1 To 8
      a(i) = _____
    Next i
    For i = 1 To 8
```

```
    Print _____
Next i
Print
For i = 1 To 8
    s = _____
Next i
h = _____
    Print "平均身高为:" & _____ & "cm"
End Sub
```

2. 编写程序

该程序的功能是:随机获取 10 名就诊患者的心率数据(假设数据范围在 40～160 之间),找出其中最大值、最小值及其对应的下标。

分析

声明一个一维整型数组,利用 For-Next 循环结构和随机数生成公式为数组元素赋值,再通过循环进行数组元素大小比较,从而实现最大值、最小值及其位置(下标)的确定,最后输出结果。

实验步骤

(1) 窗体设计

程序界面如图 5.3。

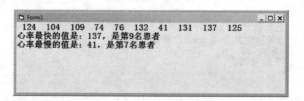

图 5.3 最值及对应下标

(2) 根据程序参考界面设计窗体,并自行完成属性设置

(3) 添加并完善程序代码

```
Option Base 1
Private Sub form_Click( )
    Dim a(10) As Integer, i As Integer
    Dim max As Integer, min As Integer
    Dim maxi As Integer, mini As Integer
    For i = 1 To 10
        a(i) = _____
        _____          ' 输出数据
    Next i
    max = a(1)
    maxi = 1
```

```
    _____
    _____
Print
For i = 2 To 10
    If a(i) > max Then
        max = a(i)
        _____
    ElseIf a(i) < min Then
        _____
        mini = i
    End If
Next i
Print "心率最快的值是:" & max & ",是第" & maxi & "名患者"
    _____
End Sub
```

3. 编写程序,随机获取 10 名同学的出生月份,统计每个季度出生的人数。

分析

声明一个一维整型数组,利用 For—Next 循环结构和 InputBox 函数为数组元素赋值并输出,再通过循环对数组元素判断属于哪个季度并计数统计,最后输出结果。

实验步骤

(1) 窗体设计

程序界面如图 5.4、5.5 所示。

图 5.4 输入出生月份数据

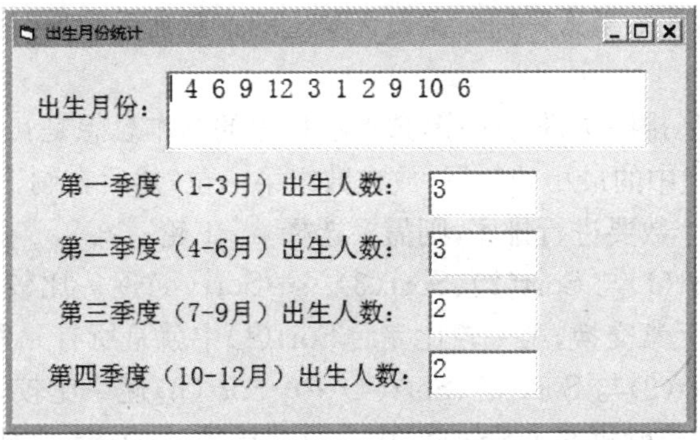

图 5.5 统计出生月份

（2）根据程序参考界面设计窗体，并自行完成属性设置

（3）添加并完善程序代码

```
Option Base 1
Private Sub form_Click()
    Dim a(1 To 10) As Integer, i As Integer
    Dim n1 As Integer, n2 As Integer, n3 As Integer, n4 As Integer
    For i = 1 To 10
     a(i) = _____
    Next i
    For i = 1 To 10
     Text1. Text = _____
    Next i
    For i = 1 To 10
     If a(i) >= 1 And a(i) <= 3 Then

        _____
     ElseIf _____ Then
        n2 = n2 + 1
     ElseIf a(i) >= 7 And a(i) <= 9 Then

        _____
     ElseIf _____ Then
        n4 = n4 + 1
     End If
    Next i
    Text2 = n1
    Text3 = _____
    Text4 = _____
    Text5 = _____
End Sub
```

4. 编写程序

该程序的功能是：输入某人一周 7 天每天早上的空腹血糖数据，将数据排序后输出。

分析

本题可以利用选择排序法进行排序，选择法排序的基本思想是：

（1）首先找到数组中的最小的数据，放在数组第一位，然后在剩下的数据中重复同样的操作。这样如果有 n 个数要进行排序，则需要选择 n−1 轮。

（2）第一轮将 Sort(1)与 Sort(2)、Sort(3)……Sort(n)逐一比较，只要发现 Sort(1)比 Sort(i)大就将这两个元素交换，第一轮比完后 Sort(1)中就是所有元素中最小的。

（3）第二轮用 Sort(2)与 Sort(3)、Sort(4)……Sort(n)逐一比较，处理方式与第一轮一样，该轮比完第二小的数就放在了 Sort(2)中。总共比较 n−1 轮，完成后数组就成了一个有序数组。

实验步骤

(1) 窗体设计

程序界面如图 5.6 所示。

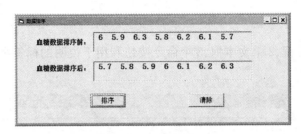

图 5.6　数据排序

(2) 根据程序参考界面设计窗体,并自行完成属性设置

(3) 添加并完善程序代码

```
Option Base 1
Private Sub Command1_Click( )
    Dim sort(7) As Single, I As Integer
    Dim J As Integer, temp As Single
    For I = 1 To 7
      sort(I) = InputBox("输入第" & I & "天早上空腹血糖数据:")
      _____    '输出排序前数据
    Next I
    For I = 1 To 6
      For J = _____
        If sort(I) > sort(J) Then
          _____                '数据交换
          _____
          _____
        End If
      Next J
      Picture2. Print sort(I);
    Next I
    Picture2. Print sort(I)
End Sub
```

"清除"按钮的代码自行编写。

5. 编写程序,随机获取 10 个住院床号(假设数据在 1—50 之间),在文本框中输入一个要查找的床号,单击"查找"按钮,则在文本框中显示查找结果:如果找到,输出数据在数组中的位置;如果没找到,输出相应的提示信息。

分析

本题可以利用顺序查找法进行数据查找,顺序查找法的基本思想是:

(1) 把待查找的数 x 与数组 a 中的元素从头到尾——进行比较。

（2）若用变量 p 表示 a 数组元素下标，先令 p 初值为 1，使 x 与 a(p)比较，如果 x 不等于 a(p)，则使 p＝p＋1，不断重复这个过程。

（3）一旦 x 等于 a(p)则退出循环。另外，如果 p 大于数组长度，循环也应该停止。

实验步骤

（1）窗体设计

窗体由 1 个图片框、2 个文本框、3 个命令按钮和用于说明的标签组成。程序界面如图 5.7 所示。

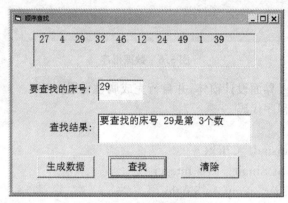

图 5.7　数据查找

（2）根据程序参考界面设计窗体，并自行完成属性设置

（3）添加并完善程序代码

```
Option Base 1
Dim a(10) As Integer
Private Sub Command1_Click( )              ' 生成数据并输出
    Dim i As Integer
    Randomize
    For i = 1 To 10
        a(i) = _____
        _____
    Next i
End Sub


Private Sub Command2_Click( )              ' 查找数据并输出结果
    Dim i As Integer, x As Integer
    x = _____
    For i = 1 To UBound(a)
        If a(i) = x Then

            _____
        End If
    Next i
    If i < = UBound(a) Then
```

```
            Text2 = _____
        Else
            Text2 = "没有找到这个床号"
        End If
End Sub
```

"清除"按钮的代码自行编写。

6. 编写程序,使用控件数组来实现对字体和字号的控制。

分析

先放置 Frame 框架,然后向其中添置一组同名选项按钮,形成控件数组。

实验步骤

(1) 窗体设计

窗体由 1 个标签、3 个框架、6 个单选按钮、3 个复选框组成。程序界面如图 5.8 所示。

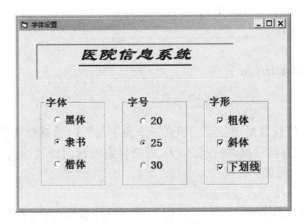

图 5.8　字体设置

(2) 根据程序运行界面创建窗体,并自行完成属性设置

(3) 添加并完善程序代码

```
Private Sub Option1_Click(Index As Integer)
    Select Case Index
        Case 0

            _____

        Case 1
            Label1. FontName = "隶书"
        Case 2

            _____

    End Select
End Sub

Private Sub Option2_Click(Index As Integer)
    Select Case Index
        Case 0
```

```
            Label1. FontSize = 20
        Case 1

            _____

        Case 2
            Label1. FontSize = 30
    End Select
End Sub


Private Sub Check1_Click(Index As Integer)
Select Case Index
    Case 0
        Label1. FontBold = Not Label1. FontBold
    Case 1
        Label1. FontItalic = _____
    Case 2
        Label1. FontUnderline = _____
End Select
End Sub
```

7. 编写程序,随机获取星期一到星期五三个科室每天门诊就诊人数(假设数据在 10～99 之间),用二维数组存储数据,并按照每天、每个科室统计门诊就诊人数,即对二维数组计算出每行元素和、每列元素和。

分析

由于要分别计算二维数组行、列和,所以要定义模块级数组;计算行和与列和时使用双重循环进行求解。

实验步骤

(1) 窗体设计

窗体由 3 个图片框、5 个命令按钮及用于说明的标签组成。程序界面如图 5.9 所示。

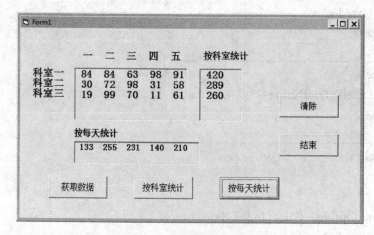

图 5.9 门诊就诊人数统计

（2）根据程序运行界面创建窗体，并自行完成属性设置

（3）添加并完善程序代码

```
Option Base 1
Dim a(3,5) As Integer, n As Integer


Private Sub Command1_Click()              '生成数组元素
    Dim i As Integer, j As Integer
    For i = 1 To 3
        For j = 1 To 5
            a(i, j) = _____
            Picture1. Print a(i, j);
        Next j

    _____
    Next i
End Sub


Private Sub Command2_Click()              '求各行元素的和
    Dim i As Integer, j As Integer, s As Integer
    For i = 1 To 3
        s = 0
        For j = 1 To 5

        _____
        Next j
        Picture2. Print s
    Next i
    Text1 = _____
End Sub


Private Sub Command3_Click()              '求各列的元素和
    Dim i As Integer, j As Integer, s As Integer
    For i = 1 To 5

    _____
        For j = 1 To 3
            s = s + a(j, i)
        Next j

    _____
    Next i
    Text2 = st
End Sub
```

“清除”和“结束”按钮的代码自行编写。

8. 编写程序

该程序的功能是：单击"生成数组"按钮，产生由随机两位数组成的二维方阵，方阵的行列数通过 inputbox 函数来确定，并把数组元素输出在图片框中；单击"所有元素和"按钮，计算该矩阵所有元素的和；单击"靠边元素和"按钮，计算该矩阵所有靠边元素的和；单击"对角线元素和"按钮，计算该矩阵两条对角线上元素的和。

分析

由于要分别计算二维数组所有元素和、靠边元素和、对角线元素和，求所有元素和比较简单，只要用双重循环即可；求靠边元素和，要找出靠边元素特点（行、列的下标等于维下界或者等于维上界）；求对角线元素和，同样找出元素下标特点，注意主副对角线差异。

实验步骤

（1）窗体设计

窗体由 1 个图片框、3 个文本框、6 个命令按钮及用于说明的标签组成。程序界面如图 5.10、5.11 所示。

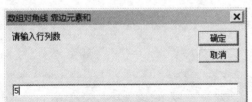

图 5.10　输入数组阶数 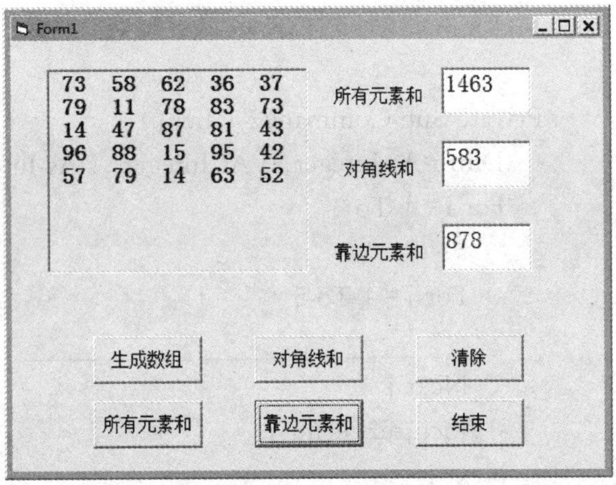　　　　　　　图 5.11　结果输出

（2）根据程序运行界面创建窗体，并自行完成属性设置

（3）添加并完善程序代码

```
Option Explicit
Option Base 1
Dim a( ) As Integer, n As Integer
Dim i As Integer, j As Integer

Private Sub Command1_Click( )                ' 生成数组并输出数组元素
n = InputBox("请输入行列数", , 5)

For i = 1 To _____
    For j = 1 To n
        a(i, j) = _____
        Picture1. Print a(i, j);
```

```
        Next j
        _____

    Next i
End Sub


Private Sub Command2_Click( )          ' 求所有元素的和
Dim sum As Integer
sum = _____
For i = 1 To UBound(a, 1)
    For j = 1 To _____
        sum = _____
    Next j
Next i
Text1 = sum
End Sub


Private Sub Command3_Click( )          ' 求对角线和
Dim sum As Integer
For i = 1 To _____
  For j = 1 To UBound(a, 2)
    If _____ Then
        sum = _____
    End If
  Next j
Next i
Text2. Text = sum
End Sub


Private Sub Command4_Click( )          ' 求靠边元素和
Dim sum As Integer
For i = 1 To _____
  For j = 1 To _____
    If _____ Then
      sum = sum + a(i, j)
    End If
  Next j
Next i
Text3 = sum
End Sub
```
"清除"和"结束"按钮的代码自行编写。

【习题与答案】

1. 选择题

(1) 设在窗体上有一个名称为 Command1 的命令按钮,并有以下事件过程:

```
Private Sub Command1_Click( )
    Static b As Variant
    b = Array(1, 3, 5, 7, 9)
    ...
End Sub
```

此过程的功能是把数组 b 中的 5 个数逆序存放(即排列为 9,7,5,3,1)。为实现此功能,省略号处的程序段应该是:_____。

A. For i = 0 To 5 − 1\2
  tmp = b(i)
  b(i) = b(5 − i − 1)
  b(5 − i − 1) = tmp
  Next i

B. For i = 0 To 5
  tmp = b(i)
  b(i) = b(5 − i − 1)
  b(5 − i − 1) = tmp
  Next i

C. For i = 0 To 5\2
  tmp = b(i)
  b(i) = b(5 − i − 1)
  b(5 − i − 1) = tmp
  Next i

D. For i = 1 To 5\2
  tmp = b(i)
  b(i) = b(5 − i − 1)
  b(5 − i − 1) = tmp
  Next i

(2) 下面的数组声明语句中_____是正确的。

A. Dim A[3,4] As Integer

B. Dim A(3,4) As Integer

C. Dim A[3;4] As Integer

D. Dim A(3;4) As Integer

(3) 下述语句的运行结果是_____。

```
Dim a
i = 0
a = Array(1, −2, 9, 0, −1, 9)
Do
    k = a(i)
    For m = 10 To k Step − 2
        n = k + m
    Next m
    Print n + m
    i = i + 1
Loop While Abs(m + n) <> 27
```

A. 3 −8 27

B. 3 27 −8

C. −8 27 3

D. −8 3 27

（4）使用 Redim Preserve 可以改变数组的_____。

A. 最后一维的大小　　　　　　　B. 第一维的大小

C. 所有维的大小　　　　　　　　D. 改变维数和所有维的大小

（5）如果创建了命令按钮数组控件，那么 Click 事件的参数是_____。

A. Index　　　　B. Caption　　　　C. Tag　　　　D. 没有参数

（6）设有如下程序段：

```
Dim a(10)
    ...
For Each x In a
    Print x;
Next x
```

在上面的程序段中，变量 x 必须是_____。

A. 整型变量　　　B. 变体型变量　　　C. 动态数组　　　D. 静态数组

（7）默认情况下，下面声明的数组的元素个数是_____。

Dim a(5, -2 To 2)

A. 20　　　　B. 24　　　　C. 25　　　　D. 30

（8）阅读程序：

```
Private Sub Command1_Click()
    Dim arr
    Dim i As Integer
    arr = Array(0, 1, 2, 3, 4, 5, 6, 7, 8, 9, 10)
    For i = 0 To 2
        Print arr(7 - i)
    Next i
End Sub
```

程序运行后，窗体上显示的是_____。

A. 8 7 6　　　　B. 7 6 5　　　　C. 6 5 4　　　　D. 5 4 3

（9）下面的语句用 Array 函数为数组变量 a 的各元素赋整数值：

a = Array(1,2,3,4,5,6,7,8,9)

针对 a 的声明语句应该是_____。

A. Dim a　　　　　　　　　　　　B. Dim a As integer

C. Dim a(9) As integer　　　　　　D. Dim a( ) As integer

（10）设有如下程序：

```
Private Sub Form_Click()
    Dim ary(1 To 5)As Integer
    Dim i As Integer
    Dim sum As Integer
    For i = 1 To 5
        ary(i) = i + 1
```

```
        sum = sum + ary(i)
    Next i
    Print sum
End Sub
```

程序运行后,单击窗体,则在窗体上显示为_____。

A. 15   B. 16   C. 20   D. 26

2. 填空题

(1) 控件数组共用事件和方法,区分控件元素需要引用控件的_____属性。

(2) 下列程序是将数组 A 的 11 个元素倒序交换,即第一个变为最后一个,第二个变为倒数第二个,完成下列程序。

```
Private Sub Backward(a())
    Dim i As Integer, Tmp As Integer
    For i = 1 To 5
        Tmp = a(i)
        _____
        _____
    Next i
End Sub
```

(3) 以下程序是求一维数组的最大值及其下标,请在下划线处填写正确的内容。

```
Option Base 1
Private Sub Form_Click()
    Dim a(10) As Integer, max_i
    For i = 1 To 10
        a(i) = InputBox("请输入一个元素值")
    Next i
    max_i = _____
    For i = 2 To 10
        If _____ Then max_i = i
    Next i
    Print a(max_i), max_i
End Sub
```

(4) 如果有声明 Option base 1,那么 dim arr(−8 to −2,4)的数组共有_____个元素。

(5) 在窗体上画一个命令按钮(其 Name 属性为 Command1),然后编写如下代码:

```
Private Sub Command1_Click()
    Dim M(10)As Integer
    For k = 1 To 10
        M(k) = 12 − k
    Next k
```

　　　　X = 6

　　　　Print M(2 + M(x))

　　End Sub

程序运行后,单击命令按钮,输出结果是＿＿＿＿＿＿＿＿＿＿。

3. 编程题

若有电文要按下面的规律译成密码:

A→Z	a→z
B→Y	b→y
C→X	c→x
...	...

　　即对于英文字母,第 1 个字母变成第 26 个字母,第 i 个字母变成第(26－i＋1)个字母,非字母字符不变。如:对于 Hello12You,加密后为 Svoo12Blf。

　　要求编写程序加密字符串"Welcome To Visual Basic"。

【习题答案】

【微信扫码】
参考答案 & 相关资源

第6章

过 程

【目的要求】

➢ 掌握常用的键盘事件、鼠标事件。
➢ 掌握自定义函数和子过程的定义和调用方法。
➢ 掌握形实结合及参数传递的方式及特点。
➢ 掌握变量的作用域、函数和过程的作用域。
➢ 熟悉递归过程的定义和使用方法。
➢ 熟练使用函数、过程来简化程序设计。

【主要内容】

1. 键盘事件

键盘事件主要有 KeyPress 事件、KeyDown 事件和 KeyUp 事件三种。

（1）KeyPress 事件

当按键盘上的某个键时，将触发 KeyPress 事件。KeyPress 事件带有一个参数 KeyAscii 用来识别按键的 ASCII 码值。

（2）KeyDown 和 KeyUp 事件

KeyDown 和 KeyUp 事件返回的是键盘的直接状态，而 KeyPress 并不反映键盘的直接状态。换言之，KeyDown 和 KeyUp 事件返回的是"键"，而 KeyPress 事件返回的是"字符"的 ASCII 码值。例如，当按字母键 A 时，KeyDown 所得到的 KeyCode 码（KeyDown 事件的参数）与按字母键 a 是相同的，而对 KeyPress 来说，所得到的 ASCII 码值不一样。

2. 鼠标事件

常用的鼠标事件有 MouseDown 事件、MouseUp 事件和 MouseMove 事件。

3. Sub 过程的定义

Sub 过程分为事件过程和通用过程，通用过程是自定义的 Sub 过程（也称子过程），是在响应事件时执行的代码块，不能通过过程名返回值，可以避免重复编写相同代码，使程序变得简洁而便于维护。

事件过程又可以分为窗体事件过程、控件事件、菜单事件过程。事件过程代码和其所属的窗体界面一同被保存在窗体文件(文件扩展名为.frm)中。

(1) 窗体事件过程的一般形式如下:

Private Sub Form_事件名([形参表])

    [局部变量和常量的声明]

    语句块

    [Exit Sub]

    语句块

End Sub

(2) 控件/菜单事件过程的一般形式如下:

Private Sub 控件名/菜单名_事件名([形参表])

    [局部变量和常量的声明]

    语句块

    [Exit Sub]

    语句块

End Sub

(3) 通用过程的一般形式如下:

[Private|Public] [Static] Sub 过程名([形参表])

    [局部变量和常量的声明]

    语句块

    [Exit Sub]

    语句块

End Sub

4. 函数过程的定义

由程序设计者定义的函数(Function)过程通常称为自定义函数,或简称为函数。

函数(Function)过程的一般形式如下:

[Private|Public] [Static] Function 函数名([形参表])[As 数据类型]

    [局部变量和常量的声明]

    语句块

    [函数名=返回值]

    [Exit Function]

    [函数名=返回值]

    语句块

End Function

Function 过程通过"函数名=返回值"语句产生返回值。

Function 过程的特点是:

① 与内部函数调用方式一致;

② 与变量完全一样,函数过程有数据类型,其决定了返回值的类型。如果没有 As 子句,缺省的数据类型为 Variant;

③ 给函数名自身赋一个值,就可返回这个值。

5. 子过程与函数过程的建立

子过程与函数过程的建立(定义)可以在"代码"窗口中输入过程头并按下回车键,系统自动添加 End Sub 或 End Function 语句;也可以通过"添加过程"对话框完成。

6. 子过程与函数过程的调用

(1) 调用 Sub 过程有两种方法:用 Call 语句调用或直接调用。当使用 Call 语句时,参数必须在括号内。若直接调用,则必须省略参数两边的括号。

① 用 Call 语句调用 Sub 过程

其一般形式为:

  Call 过程名 [(实参表)]

② 把过程名当做语句直接调用

其一般形式为:

  过程名 [实参表]

说明:直接调用不使用关键字 Call,实参表外面就不要有括号,而且实参表和过程名之间必须有空格分隔。

(2) 函数过程的调用与 VB 内部函数的调用方法相同,可以在表达式中直接使用;也可以像调用 Sub 过程一样(同上①②,使用 call 和直接调用两种),但此时 VB 将放弃函数返回值。因为 Function 函数过程的特点是自身有返回值,通常建立 Function 函数过程的目的也是为了要用到其返回值,所以其常见的调用形式如下:

  变量名 = 函数名 [(实参表)]

7. 参数的传递

调用过程时,采用"形实结合"的方式传递参数,参数的传递有两种方式:按值传递和按地址传递。在传递参数时要求"形实对应",即要求形参和实参数据类型相互兼容。

(1) 按值传递

形参前加关键字"ByVal";过程调用时,VB 给按值传递的形参分配一个临时存储单元,将实参的值复制给形参,即传递给形参的只是实参变量的副本;调用过程时如果改变了形参的值不会影响到实参的值。

(2) 按地址传递

它是 VB 默认的参数传递方式,故在使用时形参前加关键字"ByRef",或省略关键字;形参和实参共用内存的同一地址;若实参是变量、数组元素或数组,则形参和实参的数据类型必须完全相同,否则就会产生错误;调用过程时如果形参的值发生变化,则同时改变实参的值。

(3) 数组参数

形参数组只能是按地址传递的参数(即数组名称前不能加关键字"ByVal",且数组名后只能是一对空括号),对应的实参也必须是数组,且数据类型必须一致;调用过程时把要传递的实参数组名放在实参列表中即可,数组名后可不加括号;过程中不可以对形参数组再进行声明,但如果实参数组是动态数组时,可以用 ReDim 语句改变对应形参数组的维界,重新定义形参数组的大小。

说明:① 按值(ByVal)传递参数比按地址(ByRef)传递快,如果过程中不需改变参数的值,尽量采用按值(ByVal)来传递。

② 如果想把简单变量按"值"传送的话,除了在其对应的形参前加 ByVal,还可以给该实参变量加上括号,这样简单变量就变成为表达式。例如,Call max((m),n),(m)是表达式而不是简单变量,因此 m 只能按"值"传送。

8. 递归过程

递归过程是在过程定义中直接或间接调用自身来完成某一特定任务的过程,递归过程中必须有递归结束语句。

递归有两种:

直接递归:自己调用自己。

间接递归:A 过程调用 B 过程,B 过程调用 A 过程。

【实验操作】

1. 编写程序:使程序运行时,按下左键移动鼠标,每移动一个位置,以鼠标光标的当前位置为圆心,以 200~800 twip 之间的随机数为半径画一个圆。程序运行的画面如图 6.1 所示。

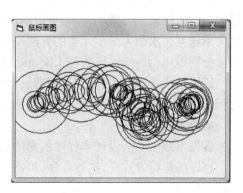

图 6.1 鼠标画圆

分析

本实验主要练习鼠标事件以及鼠标事件中的 Button 参数的使用。设置一个布尔类型的变量 Trace,当鼠标被按下设置 Trace=True,Button=1 时表示按下的是左键。

实验步骤

(1) 设计本程序的窗体界面,并为各个对象设置适当属性。

(2) 添加并完善程序代码。

```
Private Trace As Boolean
Private Sub Form_MouseDown(Button As Integer, Shift As Integer, X As Single, Y As Single)
        Trace = True
End Sub
Private Sub Form_MouseMove(Button As Integer, Shift As Integer, X As Single, Y As Single)
        r = Rnd * 800
        If r < 200 Then r = 200
            If _____ And _____ Then    '判断鼠标键是否被按下,且为左键被按下
                Circle (X, Y), r
            End If
```

```
        End If
End Sub
Private Sub Form_MouseUp(Button As Integer, Shift As Integer, X As Single, Y As
Single)
        Trace = _____
End Sub
```

2. 模拟裁判。设有 8 名裁判,打分范围为 7.0 到 10.0(小数点后取 1 位),去掉一个最高分和一个最低分后,所得总分的平均分就是选手最后得分(四舍五入,保留 2 位小数)。

分析

本程序代码部分的编写可分成两步。首先设计找出数组最大与最小元素值的通用过程;再设计调用该过程的主调过程及其他辅助的事件过程。

根据设计通用过程的一般原则,先要确定该过程为 Sub 过程还是 Function 过程。因为本过程要获得两个返回结果(最大值与最小值),所以若设计为 Sub 过程应注意参数传递方式必须为 Byref;二是要确定本过程的形参。因为需要从主调过程得到一个相应的数组,并返回该数组的最大与最小元素,所以本过程需要一个数组形参和两个简单变量形参,类型可设为单精度。求最大最小元素的算法是已知的,但为保证过程的通用性,数组下标的上、下界应分别使用 UBound 函数与 LBound 函数得到。

通用过程设计好了,主调过程的设计就简单了。主调过程主要包括"输入数组"、"调用过程"、"输出结果"几个步骤。需要注意的是要对相关的实参进行说明。

实验步骤

首先参照图 6.2 设计本程序的窗体界面:为各个对象设置适当的属性。

程序的运行方式是:执行程序,单击"统计"按钮,随机生成 8 个数并存入一个数组中,同时输出到第一个文本框中并求出分数总和,调用求最大最小元素的过程,将分数总和去掉最大分和最小分,将最后得分输出到第二个文本框。

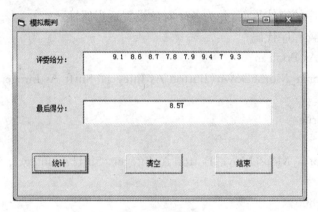

图 6.2　模拟裁判

以下是本程序的不完整的代码,请完善它。

```
Option Explicit
Option Base 1
```

```
Private Sub Commandl_Click()
    Dim score(8) As Single, i As Integer, maxv As Single
    Dim minv As Single, av As Single, sum As Single
    For i = 1 To 8
        Score(i) = (Int(Rnd * 31) + 70) /10
        Text1. Text = Text1. Text & Str(score(i)) & "   "

    _____

    Next i
    Call maxmin(score, maxv, minv)
    Av = (sum − maxv − minv) /6
    Text2. Text = _____
End Sub
Private Sub maxmin _____
    Dim I As Integer
    Maxv = a(1) :  minv = a(1)

    _____

        If a(i)＞maxv Then
            Maxv = a(i)
        ElseIf a(i)＜minv Then
            Minv = a(i)
        End If
    Next i
End Sub
```

3. 静态变量与一般变量对比。

分析

静态变量作为局部变量,在所属的子过程或函数过程体结束后,其值仍然存在。下次进入该子过程或函数过程时,其值不被重置,仍然保留原来的结果。

实验步骤

以下是本程序的代码,请输入。

```
Private Sub Form_Click()
    Dim i As Integer
    Print "a", "b"
    For i = 1 To 10
    Call f
    Next i
End Sub
Sub f()
    Static a As Integer
    Dim b As Integer
```

```
        a = a + 1
        b = b + 1
        Print a, b
End Sub
```
观察输出结果。

4. 程序界面如图 6.3 所示。当在文本框中输入正整数 N，单击"计算"命令按钮，进行计算。若 N 是奇数，计算 1＋3！＋5！＋……＋N！，若 N 是偶数，计算 1＋3！＋5！＋……＋(N＋1)！。在给出的窗体文件中已经有了全部控件，但程序不完整，请完善程序。最后将窗体文件和工程文件分别保存为 F1.frm 和 P1.vbp。

注意：不得修改窗体文件中已经存在的程序代码。

```
Private Sub Command1_Click()
        Dim sum As Long
        n = Val(Text1.Text)
        sum = 0
        If n Mod 2 = 0 Then
                m = _____
        Else
                m = _____
        End If
        For i = 1 To m Step _____
                sum = sum + _____
        Next
        Label2.Caption = sum
End Sub
Private Function f( _____ x As Integer) As Long
        y = 1
        For i = 1 To _____
                y = y * i
        Next
        f = y
End Function
```

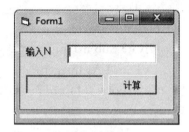

图 6.3 阶乘连加

5. 求 100～300 之间所有素数，要求每输出五个数据换一行，如图 6.4 所示。

分析

可以通过一个自定义函数来求解某个数是否为素数。

实验步骤

以下是本程序的不完整的代码，请完善它。

```
Private Sub Form_Click()
```

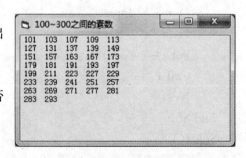

图 6.4 素数

```
    Dim I AS Integer, M As Integer
    For I = 100 To 300
        If _____ Then              ' 判断 I 是否是素数
            Print I;
            M = M + 1
            If _____ Then Print       ' 判断是否是 5 的倍数, 如果是, 则
换行
        End If
    Next I
End Sub
Private Function Prime(_____) As Boolean
    Dim I As Integer
    Prime = True
    For I = 2 To Int(Sqr(x))
        If x Mod I = 0 Then                     'x 对 I 取余数, 若为 0, 则不是素数
            _____
            Exit For
        End If
    Next I
End Function
```

拓展: 若本题还要求统计素数的个数以及所有素数的和, 思考如何添加代码!

6. 编写程序, 功能如下: 当用户在文本框中输入任意句英文句子(注意要求标准语法格式), 然后单击统计按钮, 则在标签(label1)中显示单词个数。参考界面如图 6.5 所示。

要求: 将完善程序; 不得修改已有的代码; 最后将窗体文件和工程文件分别保存为 F1.frm 和 P1.vbp。

图 6.5 统计单词个数

```
Option Base 1
Private Function GetWords(s As String) As Integer
    Dim num%, k%
    For k = 1 To _____
        c = _____
```

```
            If c = " " Then          '此处双引号内有一个空格
                _____
            End If
        Next k
        GetWords = _____
End Function


Private Sub Command1_Click( )
    Dim s As String
    s = Text1. Text
    If Len(s) = 0 Then
        MsgBox "请先在文本框中输入句子(符合标准语法)!"
    Else
        Label1. Caption = _____
    End If
End Sub
```

7. 定义一个计算阶乘的 Sub 过程,然后调用该 Sub 过程求组合数,设计界面和运行界面如图 6.6 所示。运行时,在文本框 Text1 和 Text2 中输入 n 和 m 值,单击"="按钮计算组合数,结果显示于文本框 Text3 中。

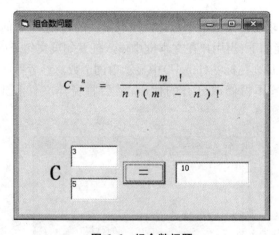

图 6.6　组合数问题

分析

在窗体上添加一个 OLE 控件,用该控件插入对象"Microsoft Equation 3.0",然后使用公式编辑器输入求组合数公式。

实验步骤

(1) 窗体设计

在窗体上添加一个标签、三个文本框和一个命令按钮。

(2) 属性设置

各控件的主要属性和作用见表 6.1 所示。

表 6.1　对象及属性设置表

控　件	属　性	属性值	作　用
OLE1	BackStyle	0—Transparent	设置背景透明
	BorderStyle	0—None	设置无边框
	SizeMode	2—Autosize	设置自动调整大小
Label1	Caption	C	
	Font	宋体(一号)	
Command1	Caption	=	单击此按钮求组合数

（3）添加程序代码

```
Sub Fact(n As Integer, _____ )
    Dim i AS Integer
    f = 1
For i = 1 To n
    f = _____
    Next i
End Sub
Private Sub Command1_Click( )
    Dim m AS Integer, n As Integer, c As Double
    Dim f1 As Double, f2 As Double, f3 As Double
m = Val(Text2. Text)
n = Val(Text1. Text)
If _____ Then
        MsgBox("m 应大于等于 n!")
        Exit Sub
End If
Call Fact(m, f1)
Call Fact(n, f2)
Call Fact(m − n, f3)
c = _____
    Text3. Text = Str(c)
End Sub
```

（4）将上例中计算阶乘的 Sub 过程改用 Function 过程定义，然后调用该 Function 过程求组合数。请完善下面的程序！

编写代码如下：

```
Function Fact _____
    Dim i As Integer, F As Double
    F = 1
```

```
        For i = 1To n
            F = F * i
        Next i

        _____

End Function
Private Sub Command1_Click( )
        Dim m As Integer, n As Integer, C As Double
        m = Val(Text2. Text)
        n = Val(Text1. Text)
If m<n Then
                MsgBox("m 应大于等于 n!")
                Exit Sub
End If
        c = _____
        Text3. Text = Str(c)
End Sub
```

8. 编写程序,找出 a~b 范围内所有的升序数,其中 a≥100,b≤30 000。所谓升序数是指从最高数位开始,直到个位,依次递增的整数,例如:134、13579 都是升序数,而 173、25743 不是升序数。

分析

要判断一个整数是否是升序数,首先要"分解数字",即把组成一个整数的各位数字分别提取出来,存放在一个数组中;然后用循环对存放在数组中的数字逐个比较,从而判断该整数是否为升序数。"分解数字"的方法可以是:重复使用"除 10 取余(数)"和"再整除 10 求商"的方法或使用 Mid 函数。

设需要分解数字的数据为 N,存放单个数字的数组为 A,以下是这两种方法的参考代码:

方法 1:

```
Do
        k = k + 1
        ReDim Preserve A(k)
A(k) = N Mod 10
        N = N\10
Loop Until N< = 0
```

方法 2:

```
S = CStr(N)
ReDim A (Len(S))
For I = 1 To Len(S)
A(I) = Mid(S, I, 1)
Next I
```

实验步骤

（1）窗体设计

首先参照图 6.7 设计本程序的窗体界面，为各个对象设置适当的属性。

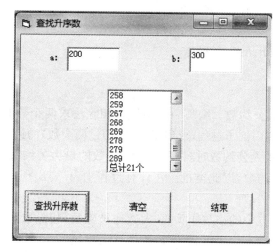

图 6.7 查找升序数

（2）添加并完善程序代码

```
Option Explicit
Option Base 1
Private Function sx(ByVal n As Integer) As Boolean
    Dim a() As Integer, k As Integer, i AS Integer
    Do
        k = _____

           _____
        a(k) = _____
        n = _____
Loop Until _____
For i = 1 To UBound(a) − 1
        if a(i + 1) >= a(i) Then _____
    Next i
    sx = _____
End Function
Private Sub CmdRun_Click()
    Dim a As Integer, b As Integer, i As Integer
    a = _____  :  b = _____
    For i = _____ To _____
        If sx(i) Then

            _____
```

```
        End If
    Next i
    If _____ Then
        List1. AddItem "无升序数"
    Else
        List1. AddItem "总计" & _____ & "个"
    End If
End Sub
```

9. 求多个数的最大公约数。编写一个用辗转相除法求两个数的最大公约数的子过程（Sub 过程），通过多次调用该子过程，求出多个数（超过两个数）的最大公约数。

分析：求多个数的最大公约数时，先求出前两个数的最大公约数，将所得到的最大公约数与第三个数求最大公约数，以此类推。在计算过程中，只要出现最大公约数为 1，既不必再对后续的其他数求公约数。

辗转相除法是以两数中的小数作除数，大数作被除数，相除取余。若余数为零，则除数即为最大公约数。若余数不为零，则将除数改作被除数，余数改作除数，继续相除，直至余数得零为止。在最后一次相除时所用的除数（即最后一个不为零的余数），就是所求两数的最大公约数。整个过程可以用循环实现。

实验步骤

(1) 窗体设计

在窗体上添加一个图片框 Picture1。设背景色为白色，AutoRedraw 属性为 True。添加三个命令按钮，Caption 属性分别为"开始"、"清除"和"退出"，如图 6.8 所示。

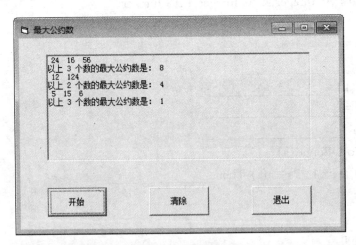

图 6.8 最大公约数

(2) 添加并完善程序代码（清除和退出按钮事件过程代码略）

```
Option Explicit
' 自定义子过程，参数传递为传址方式
Private Sub GCD(ByRef m as long, ByRef n as long)
' 用辗转相除法求两个数的最大公约数
```

```
        Dim r as long, t as long
If m<n then t = m:m = n:n = t
'm 中存大数(被除数),n 为除数
Do
                        '相除取余,r 为余数
_____        '若余数为 0,n 即为最大公约数,退出循环
_____
m = n                           '若余数不为 0,除数改作被除数
n = r                           '余数改作除数
        Loop
    End Sub
Private Sub Command1_Click()
    Dim Ar() As Long            '动态数组用于存放拟求最大公约数的数字
    Dim n %, i %,n1&, m1&       ' %= Integer,&= Long
    n = Val(inputBox("求几个数的最大公约数?"))
    if n<2 Or n>20 Then Exit sub
    ReDim Ar(n)                 '重新定义数组上界
    For i = 1 To n              '输入 n 个数,为求其最大公约数做准备
        Ar(i) = Val(inputBox("输入第" & i &"个数:"))        '将第 i 个数存入数组
        If Ar(i)<=0 Then        '若输入数≤0,或单击"取消"
            Picture1.Cls
            Exit Sub
        End if
        Picture1. Print Ar(i);
    '超过图片框宽度的 4 /5 时换行
        If Picture1.CurrentX>Picture1.Width * 0.8 Then Picture1. Print
Next i
Picture1. Print
N1 = Ar(1)                      '将第 1 个数存入 n1
For i = 2 To n                  'n 个数调用 n-1 次 GCD 过程求最大公约数
        M1 = Ar(i)              '将第 i 个数存入 m1
'调用 GCD 过程求 ml 和 n1 的最大公约数.由于采用传址方式,
'GCD 过程结束时,n1 中的数字即为两数的最大公约数.

_____
        If n1 = 1 Then          '只要本次求得的最大公约数为 1,不再继续
            Exit For
        End if                  ·
    Next i
    Picture1. Print "以上";n;"个数的最大公约数是:";n1
End Sub
```

10. 验证哥德巴赫猜想。即任意一个大于 2 的偶数都可以表示成两个素数之和。

分析

验证的步骤如下(设输入偶数为 x):

(1) 如果 x=4,输出结果 4=2+2。否则,余数不为 0。

(2) i=3(初值)。

(3) 如果 i 是素数。令 y=x−i,若 y 也是素数,则输出结果 x=i+y。否则,余数不为 0。

(4) i=i+2,转向执行第(3)步。

从上述步骤看,在程序中需要多次判断一个数是否为素数。所以可定义一个布尔类型的函数 Judge(x),如果 x 是素数,返回 True,否则返回 False。

实验步骤

(1) 窗体设计

首先参照图 6.9 设计本程序的窗体界面。界面由两个文本框、两个标签及三个命令按钮组成。请为各个对象设置适当的属性。

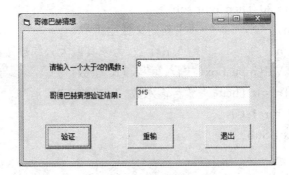

图 6.9 哥德巴赫猜想

(2) 添加并完善程序代码("重输"和"退出"按钮事件过程代码略)

```
Option Explicit
Private Sub Command1_Click()
    Dim x As Integer, i As Integer
    x = _____
    If x = 4 Then
        Text2. Text = _____
    Else

        _____
        Do While Text2. Text = ""
            If _____ And _____ Then
                Text2. Text = i & " + " & x − i
            Else

                _____
            End If
```

```
            Loop
        End If
End Sub
```

****
此处请编写一个用于判断素数的函数过程 Judge

****
拓展思考: 如果需要编程查找 a~b 范围内的"孪生素数",参照本程序,做些什么修改即可? 所谓"孪生素数''是指两个差值为 2 的素数,例如:3 和 5、11 和 13 等都是孪生素数。

11. 编写一个将 R 进制数转换成十进制数的通用程序。

分析

把一个 R 进制数转换为十进制数的方法是"按权展开,逐项相加"。例如:二进制数转换为十进制数为:

$(11011)_2 = 1 \times 2^4 + 1 \times 2^3 + 0 \times 2^2 + 1 \times 2^1 + 1 \times 2^0 = (27)_{10}$。

如果是八进制,则权值的基数应改为 8,十六进制基数应改为 16。将需要转换的数值由最低位开始到最高位逐个截取,权值的指数部分由 0 依次加 1。由于十六进制使用字母 A~F 分别表示数值 10~15,所以在编写数值转换的通用过程时,需要采用适当的方法对数值中的字母进行处理,如利用 Asc() 函数求出其对应的数值。

实验步骤

(1) 窗体设计

参照图 6.10 设计一个窗体界面,并为相关对象设置适当的属性。其中在输入需要转换的 N 进制数的文本框前的标签对象,应在运行中根据具体情况加以改变。

(2) 添加并完善程序代码

```
Option Explicit
Private Sub Command1_Click( )
Dim num As String, k As Integer
    k = Val(Text1)
    num = Text2
    Text3 = _____
End Sub
Private Sub Text1_Change( )
    Label2 = _____
End Sub
```

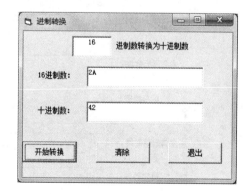

图 6.10　进制转换

```
Private Function Trans(ByVal s As String, ByVal r As Integer) As integer
Dim n As Integer, dec As Integer, i as integer
s = _____
For i = 1 To Len(s)
    If Mid(s, i, 1) >= "A" Then
```

```
                    _____

Else

                    _____

End if
            dec = dec + n * r^(Len(s) − i)
Next i

                    _____

End Function
```

12. 编写程序,为下列国家的幸福指数和平均寿命排序。

据 2017《世界幸福指数报告》数据显示,以下国家及其幸福指数分别为 中国:5.273、美国:6.993、英国:6.714、澳大利亚:7.284、加拿大:7.316、挪威:7.537、德国:6.951、丹麦:7.522、日本:5.920、韩国:5.838

备注:幸福指数有四分之三可以通过六个经济和社会因素来解释:人均国内生产总值;人均健康寿命期望;社会支持(遇到麻烦能找到依靠的机会);信任(感觉政府和企业中无腐败);做出不同生活选择的自由程度;慷慨(由慈善、捐赠来度量)。

据《2016 年世界卫生统计报告》数据显示,以下国家的人均寿命分别为 中国:76.1、美国:79.3、英国:81.2、澳大利亚:82.8、加拿大:82.2、挪威:81.8、德国:81.0、丹麦:80.6、日本:83.7、韩国:82.3

分析

多组数据都需要排序,考虑建立通用过程;排序算法可以采用选择排序或冒泡排序。

实验步骤

(1) 窗体设计

参照图 6.11 设计窗体界面。

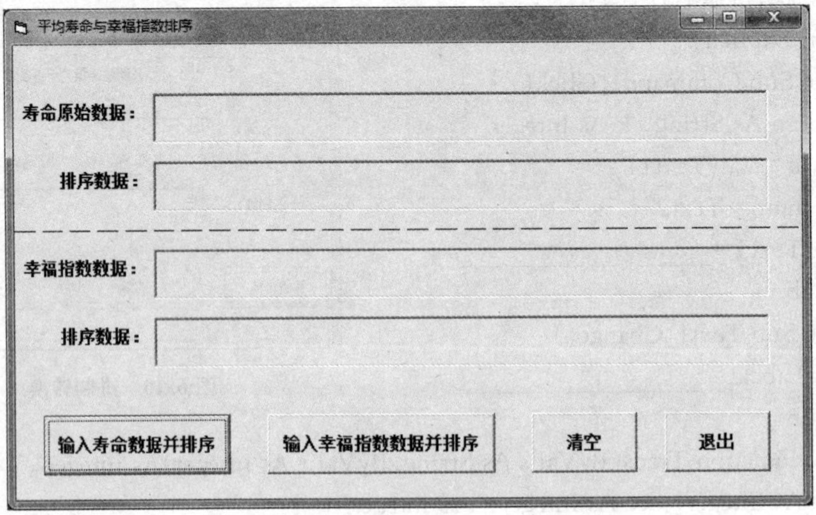

图 6.11 排序

（2）添加并完善程序代码

```
Option Base 1
Private Sub Command1_Click()
Dim i As Integer, a(10) As Single
For i = 1 To 10
    a(i) = Val(InputBox("请输入原始平均寿命数据!"))
    Picture1. Print a(i);
Next i
Call sort(a)
For i = 1 To 10
    Picture2. Print a(i);
Next i
End Sub
```

```
*************************************************************
 此处请编写一个用于排序的过程 sort
*************************************************************
```

```
Private Sub Command2_Click()
Dim i As Integer, b(10) As Single
For i = 1 To 10
        b(i) = Val(InputBox("请输入幸福指数数据!"))
        Picture3. Print b(i);
Next i
        _____
For i = 1 To 10

        _____
Next i
End Sub
```

思路拓展：最值和排序的关系！

13. 编写程序找出所有的二位、三位、四位的 Armstrong 数。

分析

1 个 n 位的正整数，其各位数的 n 次方之和等于这个数，则称这个数为 Armstrong 数。例如：$153 = 1^3 + 5^3 + 3^3$，$1634 = 1^4 + 6^4 + 3^4 + 4^4$，所以 153 和 1634 就是 Armstrong 数。

解决本问题的关键就是需要把待检测数据的各位数字提取出来，通过运算，检验是否是 Armstrong 数。

本程序可设计一个判别某个数是否是 Armstrong 数的布尔类型的通用 Function 过程，过程的形式参数有两个，一个是待检测的数据，可以是 Integer 类型；另一个是字符串变量，用于返回数字幂运算累加的式子（例如：1^3＋5^3＋3^3）。通用该过程完成 4 个任务：

① 在 For 循环中"分解数字";

② 对分解出来的数字进行 k(k 为待检测数的长度)次方运算,并将运算结果进行累加(假设累加器为 Sum);

③ 将数字的幂运算的式子(例如:5^3)拼接到字符串中(例如:1^3+5^3+3^3);

④ 数字分解完成后(循环结束),根据累加和(Sum 的值)判断某数是否是 Armstrong 数,给函数过程名赋值 True 或 False。

主控的事件过程相对简单,在 For 循环中,对 10~9999 之间的每一个数据进行判别。循环体由 3 个语句组成,给字符型实参变量(S)赋初值(例如:S="153" & "="),用循环变量和 S 作为实参调用通用函数过程。最后用 If 结构判断函数返回值,确定是否输出 S 的值。

实验步骤

(1) 窗体设计

参照图 6.12 设计程序的参考窗体界面。

图 6.12 Armstrong 数

(2) 程序代码

请自行完成全部程序代码的设计,保存并测试。

14. 实验室买了一对小兔子,小兔子一个月后成年具有生育能力,之后每过一个月可以生出一对小兔子,新生的兔子一个月后有了生育能力,再过一个月后就可以再生出一对小兔子,编写程序统计一年后实验室共有多少对兔子?

分析

根据题目所描述的兔子的生长生育规律可以知道,第一个月有 1 对小兔子,第二个月有 1 对成年兔子,第三个月有 1 对可生育的兔子和 1 对小兔子,第四个月有 1 对可生育的兔子、1 对成年兔子和 1 对小兔子,第五个月有 2 对可生育的兔子、1 对成年兔子和 2 对小兔子。依此类推,可以发现兔子的数量刚好呈下面的数列规律递增:

1,1,2,3,5,8,13,21,34,…

该数列即为著名的 Fibonacci 数列,该数列第 12 项的数值即为一年后兔子的个数。若用 F_n 表示数列第 n 项,则 Fibonacci 数列可以用如下表达式描述:

$$F_n = \begin{cases} 1, & n = 1,2 \\ F_{n-1} + F_{n-2}, & n \geqslant 3 \end{cases}$$

从该表达式中能看出求 Fibonacci 数列第 n 项值的算法若用递归过程来描述非常合适。因为数列第 n 项恰等于前两项之和,若定义函数 Fib 求数列第 n 项,那么在函数体中可以再通过调用 Fib 求数列前两项的值。该递归的终止条件为 $n=1$ 或 $n=2$。

经过上述分析，可以编写如下代码求解一年后实验室共有多少对兔子。

实验步骤

（1）窗体设计

设计本程序的窗体界面，并为各个对象设置适当属性，界面如图 6.13 所示。

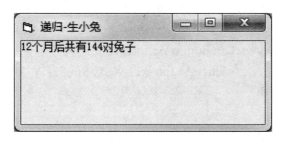

图 6.13 递归生兔子

（2）添加并完善程序代码

```
Private Function Fib(ByVal n As Integer) As Integer
    If n = 1 Or n = 2 Then
        Fib = 1
    Else
        Fib = _____
    End If
End Function
Private Sub Form_Click()
    Dim month As Integer
    month = InputBox("请输入")
    Print month & "个月后共有" & Fib(month) & "对兔子"
End Sub
```

启动程序后单击窗体，在弹出的输入框中输入 12 后确定，即可在窗体上看到输出结果"12 个月后共有 144 对兔子"。

【习题与答案】

1. 选择题

（1）以下叙述中错误的是_____。

A. 在 KeyUP 和 KeyDown 事件过程中，从键盘上输入 A 或 a 被视作相同的字母（即具有相同的 KeyCode）

B. 在 KeyUp 和 KeyDown 事件过程中，将键盘上的"1"和右侧小键盘上的"1"视作不同的数字（具有不同的 KeyCode）

C. KeyPress 并不反映键盘的直接状态。

D. KeyPress 能够反映键盘的直接状态。

（2）对窗体编写如下事件过程：

```
Private Sub Form_MouseDown(Button As Integer, _
                    Shift As Integer, X As Single, Y As Single)
        If Button = 2 Then
            Print "AAAAA"
        End If
End Sub
Private Sub Form_MouseUp(Button As Integer, _
                    Shift As Integer, X As Single, Y As Single)
        Print "BBBBB"
End Sub
```

程序运行后，如果单击鼠标右键，则输出结果为_____。

A. AAAAA   B. BBBBB

   BBBBB

C. AAAAA   D. BBBBB

                                     AAAAA

（3）有以下 3 个事件过程，执行时从键盘上按一个 A 键，则在窗体上显示的内容是_____。

```
Private Sub Form_KeyDown(KeyCode As Integer, Shift As Integer)
        Print KeyCode;
End Sub
Private Sub Form_KeyPress(KeyAscii As Integer)
        Print KeyAscii;
End Sub
Private Sub Form_KeyUp(KeyCode As Integer, Shift As Integer)
Print KeyCode;
End Sub
```

A. 65   97   65   B. 97   65   97

C. 65   65   65   D. 97   97   97

（4）下列说法中，正确的是_____。

A. KeyDown 事件在 KeyPress 事件前发生

B. KeyPress 等过程不可以使用 Call 语句来调用

C. MouseUp 事件在 Click 事件之后发生

D. 控件响应 Click 事件后不再响应 MouseUp 事件

（5）窗体的 MouseDown 事件过程：

Sub Form_MouseDown(Button As Integer, Shift As Integer, X As Single, X As Single)

其中，有 4 个参数，关于这些参数，正确的描述是_____。

A. 通过 Button 参数判定当前按下的是哪一个鼠标键

B. Shift 参数只能用来确定是否按下 Shift 键

C. Shift 参数只能用来确定是否按下 Alt 和 Ctrl 键

D. 参数 x、y 用来设置鼠标当前位置的坐标

(6) 以下叙述中错误的是_____。

A. 如果过程被定义为 Static 类型,则该过程中的局部变量都是 Static 类型

B. Sub 过程中不能嵌套定义 Sub 过程

C. Sub 过程中可以嵌套调用 Sub 过程

D. 事件过程可以像通用过程一样由用户定义过程名

(7) 以下关于过程及过程参数的描述中,错误的是_____。

A. 过程的参数可以是控件名称

B. 用数组作为过程的参数时,使用的是“传地址”方式

C. 只有函数过程能够将过程中处理的信息传回到调用的程序中

D. 窗体可以作为过程的参数

(8) 调用执行 C 盘计算器程序,且 test 程序窗口具有焦点,且会还原到它原来的大小和位置,下列调用方法正确的是_____。

A. Shell "C:\WINDOWS\CALC.EXE", vbHide

B. Shell "C:\WINDOWS\CALC.EXE", VbNormalFocus

C. Shell "C:\WINDOWS\CALC.EXE", VbMinimizedNoFocus

D. Shell "C:\WINDOWS\CALC.EXE", VbNormalNoFocus

(9) 已知数组 a(1 to 10) as Integer,下面调用 Getvalue 函数正确的是_____。

Private Function GetValue(a( ) As Integer) As Integer

    For i = 1 To 10

        GetValue = GetValue + a(i)

    Next i

End Function

A. S=GetValue(a(1 to 10))   B. S=GetValue(a())

C. S=GetValue(a(10))   D. S=GetValue a

(10) 设有以下函数过程

Private Function Fun(a( ) As Integer, b As String) As Integer

...

End Function

若已有变量声明:

Dim x(5) As Integer, n As Integer, ch As String

则下面正确的过程调用语句是_____

A. x(0)=Fun(x,"ch")   B. n=Fun(n, ch)

C. Call Fun x, "ch"   D. n=Fun(x(5), ch)

(11) 下列描述中正确是_____

A. Visual Basic 只能通过过程调用执行通用过程

B. 可以在 Sub 过程中的代码中包含另一个 Sub 过程的代码

C. 可以像通用过程一样指定事件过程的名字

D. Sub 过程和 Function 过程都有返回值

(12) 窗体上有一个名为 Command1 的命令按钮，并有如下程序：

```
Private Sub Command1_Click()
    Dim a As Integer, b As Integer
    a = 8
    b = 12
    Print Fun(a, b); a; b
End Sub
Private Function Fun(ByVal a As Integer, b As Integer)As Integer
    a = a Mod 5
    b = b\5
    Fun = a
End Function
```

程序运行时，单击命令按钮，则输出结果是＿＿＿＿＿

A. 3 3 2　　　　B. 3 8 2　　　　C. 8 8 12　　　　D. 3 8 12

(13) 在窗体上画一个命令按钮和一个标签，其名称分别为 Command1 和 Label1，然后编写如下代码：

```
Sub S(x As Integer, y As Integer)
    Static z As Integer
    y = x * x + z
    z = y
End Sub
Private Sub Command1_Click()
    Dim i As Integer, z As Integer
    m = 0
    z = 0
    For i = 1 To 3
        S  i, z
        m = m + z
    Next i
    Label1. Caption = Str(m)
End Sub
```

程序运行后，单击命令按钮，在标签中显示的内容是＿＿＿＿＿

A. 50　　　　B. 20　　　　C. 14　　　　D. 7

(14) 下面是求最大公约数的函数的首部：

Function gcd(ByVal x As Integer, ByVal y As Integer) As Integer

若要输出 8、12、16 这 3 个数的最大公约数，下面正确的语句是＿＿＿＿＿

A. Print gcd(8,12),gcd(12,16),gcd(16,8)

B. Print gcd(8,12,16)

C. Print gcd(8),gcd(12),gcd(16)

D. Print gcd(8,gcd(12,16))

(15) 有如下过程代码：

Sub var_dim( )

    Static numa As Integer

    Dim numb As Integer

    numa = numa + 2

    numb = numb + 1

    print numa;numb

End Sub

连续 3 次调用 var_dim 过程，第 3 次调用时的输出是_____

A. 2 1　　　　　　　　　　　　B. 2 3

C. 6 1　　　　　　　　　　　　D. 6 3

(16) 设有以下函数过程：

Function fun(a As Integer, b As Integer)

    Dim c As Integer

    If a<b Then

        c = a : a = b : b = c

    End If

    c = 0

    Do

     c = c + a

    Loop Until c Mod b = 0

    fun = c

End function

若调用函数 fun 时的实际参数都是自然数，则函数返回的是_____

A. a、b 的最大公约数　　　　　B. a、b 的最小公倍数

C. a 除以 b 的余数　　　　　　D. a 除以 b 的商的整数部分

(17) 请阅读程序：

Sub subP(b( ) As Integer)

  For i = 1 To 4

    b(i) = 2 * i

  Next i

End Sub

Private Sub Command1_Click( )

  Dim a(1 To 4)As Integer

  a(1) = 5 : a(2) = 6 : a(3) = 7 : a(4) = 8

  subP a( )

```
    For i = 1 To 4
        Print a(i)
    Next i
End Sub
```

运行上面的程序，单击命令按钮，则输出结果是_____。

A. 2	B. 5	C. 10	D. 出错
4	6	12	
6	7	14	
8	8	16	

2. 填空题

(1) 当用户要自定义鼠标指针图形时，除要对 MouseIcon 属性进行设置外，还必须将 MousePointer 属性设置为_____。

(2) 已知在窗体上有一个文本框，且焦点在该文本框中，如果在文本框中按下一个键，希望首先触发窗体的 KeyPress、KeyUp 和 KeyDown 事件，则需把窗体的 KeyPreview 属性设置为_____。

(3) 在拖动一个对象的过程中，并不是对象在移动，而是移动代表该对象的图标，可通过_____属性设置移动时的图标。

(4) VB 中实现对象的拖放有两种方式：_____，要设置拖放方式可通过设置对象的属性_____来实现。

(5) 在窗体上双击鼠标将发生 5 种事件，这 5 种事件的顺序是_____。

(6) 过程(Sub)和函数(Function)二者中，_____可以直接返回值。

(7) 过程前面添加_____表示此过程只可被本模块中的其他过程调用，而添加_____表示可被其他模块的过程调用。

(8) 阅读程序：

```
Sub test(b( ) As Integer)
    For i = 1 To 4
        b(i) = 2 * i
    Next i
End Sub
Private Sub Command1_Click( )
    Dim a(1 To 4) As Integer, i as integer
    For i = 1 to 4
        a(i) = i + 4
    Next i
    test a( )
    For i = 1 To 4
        Print a(i);
    Next i
End Sub
```

运行上面的程序,单击命令按钮,输出结果为_____。

(9) 发生了 Form_Click 事件后,下列程序的执行结果是_____。

```
Private Sub Form_Click()
    Dim s As Single
    s = 125.5
    Call Convert((s), "12" + ".5")
End Sub
Private Sub Convert(Inx As Integer, Sing As Single)
    Inx = Inx * 2
    Sing = Sing + 23
    Print "Inx = "; Inx; "Sing = "; Sing
End Sub
```

(10) 窗体上有名称为 Command1 的命令按钮。事件过程及两个函数过程如下:

```
Private Sub Command1_Click()
    Dim x As Integer, y As Integer, z
    x = 3
    y = 5
    z = fy(y)
    print fx(fx(x)), y
End Sub
Function fx(ByVal a As Integer)
    a = a + a
    fx = a
    End Function
    Function fy(ByRef a As Integer)
    a = a + a
    fy = a
End Function
```

运行程序,单击命令按钮,在窗体上显示的两个值依次是_____和_____。

(11) 窗体上有一个名称为 Text1 的文本框和一个名称为 Command1、标题为"计算"的命令按钮,如图所示。函数 fun 及命令按钮的单击事件过程如下,请填空。

图 6 - 14

```
Private Sub Command1_Click( )
    Dim x As Integer
    x = Val(InputBox("输入数据"))
    Text1 = Str(fun(x) + fun(x) + fun(x))
End Sub
Private Function fun(ByRef n As Integer)
    If n Mod 3 = 0 Then
        n = n + n
    Else
        n = n * n
    End If
    Fun = n
End Function
```

当单击命令按钮时，在输入对话框中输入 2 时，文本框中显示的是 _____。

【习题答案】

【微信扫码】
参考答案 & 相关资源

第 **7** 章

文 件

【目的要求】

➢ 掌握通用对话框控件的使用方法。

➢ 掌握顺序文件、随机文件及二进制文件的特点和区别。

➢ 掌握顺序文件、随机文件数据的写入与读出方法，了解其他类型文件的读写操作。

➢ 掌握常用文件函数和文件命令的使用方法。

➢ 掌握与文件相关的控件与对象的使用。

【主要内容】

1. 通用对话框控件

通用对话框是一种 ActiveX 控件。在一般情况下，启动 Visual Basic 后，在工具箱中没有通用对话框控件。为了把通用对话框控件添加到工具箱中，可按如下步骤操作。

（1）选择"工程"菜单中的"部件"命令，打开"部件"对话框。

（2）在对话框中选择"控件"选项卡，然后在控件列表框中勾选"Microsoft Common Dialog Control 6.0"前的复选框。

（3）单击"确定"按钮，通用对话框即被加到工具箱中。

通用对话框控件可以被设计为几种不同类型的对话框，如打开文件对话框、保存文件对话框、颜色设置对话框、打印对话框等。对话框的类型可以通过 Action 属性设置，也可以用相应的方法设置。表 7.1 列出了各类对话框所需要的 Action 属性值和方法。

表 7.1　对话框类型

对话框类型	Action 属性值	方　法
打开文件	1	ShowOpen
保存文件	2	ShowSave
选择颜色	3	ShowColor
选择字体	4	ShowFont

（续表）

对话框类型	Action 属性值	方　法
打印	5	ShowPrinter
调用 Help 文件	6	ShowHelp

在设计阶段，通用对话框按钮以图标形式显示，不能调整其大小（与计时器类似），程序运行后消失。

2. 顺序文件的基本操作

顺序访问适用于普通的文本文件。文件中的每一个字符代表一个文本字符或者文件格式符（如回车、换行符等）。文件中的数据以 ASCII 码方式存储。当要查找某个数据时，从文件头开始，一个记录一个记录地顺序读取，直至找到要查找的记录为止。顺序文件的打开、关闭和读写操作的方法及语句格式如表 7.2 所示。

表 7.2　顺序文件的基本操作

操　作	语句形式	功　能
打开文件	Open 文件名 For Input As［＃］文件号	打开文件并读取数据，如果文件不存在，则会出错
	Open 文件名 For Output As［＃］文件号	把数据写入文件中，如果文件不存在，则创建新文件；如果文件存在，覆盖文件中原有的内容。
	Open 文件名 For Append As［＃］文件号	追加数据到文件的末尾，不覆盖文件原来的内容；如果文件不存在，则创建新文件
写操作	Print ＃文件号，一个或多个参数	将一个或多个数据以标准格式或紧凑格式写入文件
	Write ＃文件号，一个或多个参数	将一个或多个数据以紧凑格式写入文件，写入的数据之间自动加逗号和双引号
读操作	Input ＃文件号，变量表	从一个顺序文件中读出数据项，并把这些数据项赋值给程序变量
	Line Input ＃文件号，变量名	一次可以把"文件号"所代表文件中的一整行数据作为一个字符串读入，赋予指定的字符串变量
	函数 Input(n,［＃］文件号)	从一个打开的顺序文件中读出 n 个字符作为函数的返回值
关闭	Close［［＃］文件号 1,［＃］文件号 2,…]	关闭以 Open 方式打开的文件，一次可以关闭多个文件
	Reset	关闭所有以 Open 方式打开的文件

3. 随机文件的基本操作

随机文件的打开、关闭和读写操作的方法及语句格式如表 7.3 所示。

表 7.3 随机文件的基本操作

操 作	语句形式	功 能
打开文件	Open 文件名［For Random］As ＃ 文件号 Len＝记录长度	打开随机文件进行读写操作,如果文件不存在,则创建文件
写操作	Put［＃］文件号,［记录号］,表达式	将变量的内容写到打开的随机文件中
读操作	Get［＃］文件号,［记录号］,变量名	将打开文件中的数据读入变量中

4. 文件中常用的函数

文件中常用的函数如表 7.4 所示。

表 7.4 常用函数

函数名	功 能
Seek(文件号)	返回"文件号"指定文件的当前的读写位置
LOF(文件号)	返回用 Open 语句打开的文件的长度,该大小以字节为单位
Loc(文件号)	返回一个在已打开的文件中指定的当前读/写位置
EOF(文件号)	判断是否到文件结尾。如果是,则返回 True;否则,返回 False
Filelen(文件名)	返回以"文件名"指定的文件长度(以字节为单位)
FreeFile［(文件号范围)］	得到一个在程序中没有使用的文件号

5. 文件控件

Visual Basic 提供的内部控件有三个是文件系统控件,它们分别是:驱动器列表框、目录列表框和文件列表框。

(1) 驱动器列表框控件(DriveListBox)

驱动器列表框其实是一个下拉式列表框,它自动列出计算机上所有硬盘、软盘、光盘驱动器,甚至网络共享驱动器,并在每个驱动器号前显示不同类型的图标。

(2) 目录列表框控件(DirListBox)

目录列表框以层次结构显示指定目录中的所有第一级子目录及其所有的父目录。用户可以双击一个目录来指定当前目录。

(3) 文件列表框控件(FileListBox)

文件列表框控件在程序运行的过程中,根据 path 属性指定的目录,将文件定位并列举出来。

驱动器列表框、目录列表框和文件列表框常常是配合起来使用的,供用户从计算机的整个文件系统中选择一个或多个文件,要使三者联动,就必须在一个控件发生改变之后立即刷新其他控件。

【实验操作】

1. 编写程序,建立"打开"和"保存"对话框,打开文本文件后,在窗体上逐行显示文件内容。

分析

建立一个"打开"对话框事件过程，可以在这个对话框中选择要打开的文件，选择后单击"打开"按钮，所选择的文件名即作为对话框的 FileName 属性值。过程中的语句"CommonDialog1. Action＝1"用来建立"打开"对话框。

建立一个"保存"对话框事件过程（与"打开"对话框类似），可以在这个对话框中选择要保存的文件，选择后单击"保存"按钮，所选择的文件名即作为对话框的 FileName 属性值，过程中的语句"CommonDialog1. Action＝2"用来建立"保存"对话框。和"打开"对话框一样，"保存"对话框也只能用来选择文件，其本身并不能执行保存文件的操作，要想具有相应的功能还要另外编写代码实现。

实验步骤

(1) 在窗体画两个命令按钮和一个通用控件，命令按钮的 name 属性分别为 Open、Save，通用控件的 name 属性为 CommonDialog1，界面如图 7.1 所示。

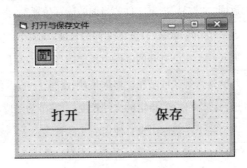

图 7.1 程序界面

(2) 添加并完善程序代码。

```
Private Sub Open_Click() '打开文件
    CommonDialog1. FileName = ""
    CommonDialog1. Flags = 2048
    CommonDialog1. Filter = "All Files| *.* |( *.exe)| *.exe|( *.TXT)| *.TXT"
    CommonDialog1. FilterIndex = 3
    CommonDialog1. DialogTitle = "打开文件"

    If CommonDialog1. FileName = "" Then
        MsgBox "没有选择任何文件", vbInformation, "警告"
    Else
        Open CommonDialog1. FileName For Input As #1
        Do While Not EOF(1)
            Input #1, a '读取文件中的数据赋值给变量 a
            Print a
        Loop
    End If
End Sub
```

```
Private Sub Save_Click()
    CommonDialog1.DefaultExt = "TXT"
    CommonDialog1.FileName = "aa.txt"
    CommonDialog1.Filter = "所有文本文件|( *.txt)|All Files( *.*)|*.*|"
    CommonDialog1.FilterIndex = 1
    CommonDialog1.DialogTitle = "保存"
    CommonDialog1.Flags = cdlOFNPathMustExist Or cdlOFNOverwritePrompt
    _____

End Sub
```

2. 顺序文件的读写操作。

建立如图 7.2 所示的界面,若单击"建立文件"按钮,则分别用 Print # 和 Write # 语句将 2 个患者的病例号、姓名和年龄写入文件 Myfile.txt;若单击"读取文件"按钮,则用 Line Input 语句按行将 Myfile.txt 文件中的数据显示在文本框中(文本框的 MultiLine 属性设为 True)。

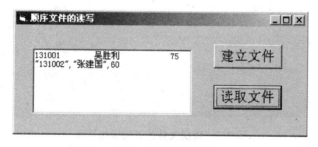

图 7.2 顺序文件的读写操作界面

实验步骤

(1) 设计本程序的窗体界面,并为各个对象设置适当属性。

(2) 添加并完善程序代码。

```
Private Sub CmdNew_Click()           ' 新建文件
    Open "d:\Myfile.txt" _____ As #1      ' 以写方式打开文件
    Print #1, "131001", "吴胜利", 75
    Write #1, "131002", "张建国", 60
    Close 1
End Sub


Private Sub CmdOpen_Click()
    Dim b As String, nextline As String
    Open "d:\Myfile.txt" _____ As #1      ' 以读取方式打开文件
    Do Until _____
        Line Input #1, nextline
        b = b & nextline & vbCrLf
```

```
        Loop
        Text1. Text = b
        Close 1
End Sub
```

3. 随机文件的读写操作。

建立如图 7.3 所示的界面,程序功能是向随机文件中添加记录,当程序运行时如果随机文件中没有记录,则三个文本框均显示为空,否则显示当前文件最后一条记录。单击"保存记录"按钮时,将文本框中的内容保存到随机文件中。

实验步骤

(1) 设计本程序的窗体界面,并为各个对象设置适当属性。

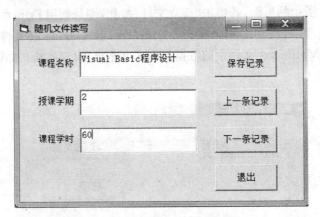

图 7.3　随机文件的读写操作界面

(2) 添加并完善程序代码。

```
Private Type Subject
    name As String  *  20
    term As Integer
    number As Integer
End Type
Dim FileNum As Integer
Dim Mysubject As Subject
Dim LastRecord As Integer
Dim Position As Integer
Dim Reclength As Integer
Private Sub Form_Load( )
    Reclength = Len(Mysubject)   '获取每条记录的长度
    Open "D:\subject. txt" _____ As #1 Len = Reclength
    If LOF(1) <> 0 Then
        LastRecord = _____     '获取最后一条记录的记录号
        Get #1, LastRecord, Mysubject        '读取最后一条记录
```

```
        TxtName. Text = Mysubject. name
        TxtTerm. Text = Mysubject. term
        TxtNum. Text = Mysubject. number
    End If
End Sub
Private Sub CmdSave_Click( )
    Position = LOF(1) /Len(Mysubject)
    Mysubject. name = TxtName. Text
    Mysubject. term = TxtTerm. Text
    Mysubject. number = TxtNum. Text
    Put #1, Position + 1, Mysubject        '将记录写入文件
    TxtName. Text = ""
    TxtTerm. Text = ""
    TxtNum. Text = ""
    TxtName. SetFocus
End Sub
Private Sub CmcForward_Click( )   '读取前一条记录
    Position = Loc(1)             '获取当前的读写位置
    If Position > 1 Then
        Position = _____
        Get #1, Position, Mysubject
        TxtName. Text = Mysubject. name
        TxtTerm. Text = Mysubject. term
        TxtNum. Text = Mysubject. number
    Else
        MsgBox "这是第一条记录"
    End If
End Sub
Private Sub CmdNext_Click( )   '读取后一条记录
    Position = Loc(1)
    If Position < LastRecord Then
        Position = Position + 1
        Get #1, Position, Mysubject
        TxtName. Text = Mysubject. name
        TxtTerm. Text = Mysubject. term
        TxtNum. Text = Mysubject. number
    Else
        MsgBox "这是最后一条记录了"
    End If
```

```
End Sub Private Sub CmdExit_Click()
    Close #1
    Unload Me
End Sub
```

4. 文件系统控件练习。

建立一个程序,窗体界面设置 4 个控件:驱动器列表框、目录列表框、文件列表框和文本框,改变驱动器列表框、目录列表框,在文件列表框中显示当前目录所有 *.txt 文件列表,当选中某个 txt 文件时,在文本框中显示文件的内容。界面如图 7.4 所示。

实验步骤

(1) 设计本程序的窗体界面,文件列表框的 Pattern 属性设为 *.txt,文本框的 MultiLine 属性设为 True,ScrollBars 属性设为 2。

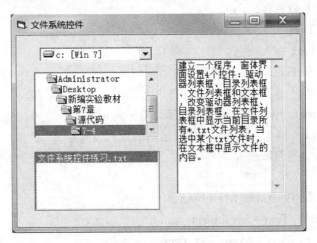

图 7.4   文件系统控件

(2) 添加并完善程序代码。

```
Private Sub Dir1_Change()
    File1.Path = _____
End Sub


Private Sub Drive1_Change()
    Dir1.Path = _____
End Sub


Private Sub File1_Click()
    Dim fileN As String
    Dim b As String
    Dim nextline As String
    fileN = File1.Path + "\" + File1.FileName
    Open fileN For Input As #1
```

```
        Do Until _____
            Line Input #1，nextline
            b = b & nextline & vbCrLf
        Loop
        Text1. Text = b
        Close 1
End Sub
```

【习题与答案】

1. 选择题

（1）目录列表框的 Path 属性的作用是_____。

A. 显示当前驱动器或指定驱动器上的路径

B. 显示当前驱动器或指定驱动器上的某目录下的文件名

C. 显示根目录下的文件名

D. 只显示当前路径下的文件

（2）以下能判断是否到达文件尾的函数是_____。

A. BOF　　　　　B. LOC　　　　　C. LOF　　　　　D. EOF

（3）执行语句 Open "Tel. dat" For Random As #1 Len＝50 后，对文件 Tel. dat 中的数据能够执行的操作是_____。

A. 只能写，不能读　　　　　　　　B. 只能读，不能写

C. 既可以读，也可以写　　　　　　D. 不能读，不能写

（4）DirListBox 可以用来显示和返回_____。

A. 文件名　　　　B. 目录结构　　　　C. 磁盘驱动器名　　　D. 文件数

（5）返回文件大小应使用的函数为_____。

A. Loc　　　　　B. LOF　　　　　C. EOF　　　　　D. FileAttr

（6）下列程序输出结果为_____。

```
Private Sub M1_Click(Index As Integer)
        Print FreeFile(1)
End Sub
```

A. 0　　　　　B. 1　　　　　C. 1～255 不定　　　D. 256～511 不定

（7）使用 Open 语句打开文件时需要指定参数 Len 的是_____。

A. 打开顺序文件　　　　　　　　B. 打开文本文件

C. 打开随机文件　　　　　　　　D. 打开二进制文件

（8）关闭程序打开的所有文件，语句为_____。

A. Close 1　　　　B. Close all　　　　C. Close*　　　　D. Close

（9）能对顺序文件进行输出的语句是_____。

A. Put　　　　　B. Get　　　　　C. Write　　　　D. Read

（10）使用 FileListBox，如果只显示系统文件，需要设置的属性为_____。

A. Path   B. Pattern   C. System   D. FileName

(11) 下列控件没有 Change 事件的是_____。

A. DriveListBox   B. DirListBox

C. FileListBox   D. TextBox

(12) 显示打印对话框需要使用 CommonDialog 控件的方法为_____。

A. ShowOpen   B. ShowPrinter

C. ShowColor   D. ShowFont

(13) 要使用打印对话框,应首先在"部件"对话框中选择控件_____。

A. MsgBox   B. MicroSoft Common Dialog 6.0

C. MicroSoft Comm Control 6.0   D. InputBox

(14) 下列属性属于颜色对话框的是_____。

A. FileName   B. Min

C. Fontsize   D. Color

(15) 对话框 Filter 属性为"Text（ *. txt）| *. txt|Pictures（ *. bmp; *. ico）| *. bmp; *. ico",若在使用 ShowOpen 方法时默认过滤器为 *. bmp; *. ico,需将对话框的 FilterIndex 属性设置为_____。

A. 1   B. 2

C. （ *. bmp; *. ico）| *. bmp; *. ico   D. *. bmp; *. ico

2. 填空题

(1) 以下程序的功能是,把当前目录下的顺序文件 smtext1. txt 的内容读入内存,并在文本框 Text1 中显示出来。请填空。

```
Private Sub Command1_Click( )
    Dim inData As String
    Text1. Text = ""
    Open ".\smText1. txt" _____ As #1
    Do While _____
        Input #1, inData
        Text1. Text = Text1. Text & inData
    Loop
    Close #1
End Sub
```

(2) Visual Basic 提供的对数据文件的 3 种访问方式为_____、随机访问方式和二进制访问方式。

(3) 为避免几个进程可能同时对同一文件进行存取,用_____和_____语句可以对文件"锁定"和"解锁"。

(4) 假设某文件存储的多个用户自定义类型记录,使用 Get 语句来将从文件中读出的所有数据记录到某数组中。完成该程序。

定义用户自定义的数据类型:

Type Record

```
        ID As Integer
        Name As String * 20
End Type
```
程序为:
```
Private Sub GetRecord( )
Dim MyRecord As Record, Position as Integer
    Open "TESTFILE" For Random As #1 Len = _____
    Position = 3
    Get #1, Position, MyRecord
    Close #1
End Sub
```
(5) 下列程序使用 FileListBox 来实现程序启动时列出 C 盘根目录下的所有" *.exe"文件,完成下列程序。
```
Private Sub Form_Load( )
        File1. _____ = "c:\"
        File1. _____ = " *.exe"
        File1. Refresh
End Sub
```
(6) 打开文件所使用的语句为_____。在该语句中,可以设置的输入/输出方式包括_____、_____、_____、_____和_____,如果省略,则为_____方式。存取类型分为_____、_____和_____ 3 种。

(7) Visual Basic 中,顺序文件的读操作通过_____、_____语句。随机文件的读写操作分别通过_____和_____语句实现。

(8) 使用 FileListBox,如果只显示只读文件,需要设置_____属性。

(9) 进行文件操作时,常需要使用_____函数返回一个当前可以使用的文件号。

(10) 可通过"打开"对话框的_____属性设置对话框中所显示文件的类型。

(11) 已知对话框控件名为 Cdlg,则执行_____语句,将弹出"打开文件"对话框。

(12) 在使用通用对话框控件弹出"打开"或"保存"文件对话框时,如果需要指定文件列表框所列出的文件类型是文本文件(即.txt 文件),则正确的描述格式是_____。

(13) 可通过"另存为"对话框的_____属性获得要存盘的文件名。

(14) "字体"对话框的_____属性用于指定对话框中所能选择的字体的最大值。

(15) "打印"对话框的_____属性用来设置打印份数。

(16) 要使用通用对话框控件,应把它加载到工程中,加载的方法是执行_____菜单中的_____菜单命令,在弹出的对话框中单击"控件"标签,在列表中找到_____并选中它,单击"确定"按钮后,通用对话框控件就加载到了工程中。

(17) 如果要输出简单信息,可以使用_____。

(18) 对话框在关闭之前,不能继续执行应用程序的其他部分的对话框属于_____对话框。

（19）在窗体上画一个名称为 CommonDialog1 的通用对话框，一个名称为 Command1 的命令按钮，然后编写如下代码：

```
Private Sub Command1_Click()
 Commondialog1. FileName = ""
 Commondialog1. Filter = "All Files│*.*│*.txt│*.txt│*.doc│*.doc"
 Commondialog1. FilterIndex = 2
 Commondialog1. DialogTitle = "Open File（*.doc）"
 Commondialog1. Action = 1
 If Commondialog1. FileName = "" Then
     Msgbox "No file selected"
 Else
     ' 对所有选择的文件进行处理
 End if
End sub
```

程序运行后，单击命令按钮，将显示一个对话框。

① 该对话框的标题是_____。

② 该对话框"文件类型"框中显示的内容是_____。

③ 单击"文件类型"框右端的箭头，下拉显示的内容是_____。

④ 正在起作用的扩展名为 _____。

（20）在窗体上画一个名称为 CommonDialog1 的通用对话框，用下列语句可以建立一个对话框：CommonDialog1. Action＝2，与该语句等价的语句是_____。

（21）在显示字体对话框之前必须设置_____属性，否则将发生不存在字体错误。

（22）把通用对话框的 Action 属性设置 4，将弹出_____对话框。

（23）可通过"打开"对话框的_____属性设置起始路径。

（24）在颜色对话框中，用户选中的颜色可以通过_____属性得到。

（25）已知有一通用对话框控件，名为 Cdlg1，为了在执行时弹出"另存为"对话框，可通过调用它的方法来实现，使用的语句是_____，为了打开字体对话框，可通过设置它的 Action 属性来实现，使用的语句是_____。

【习题答案】

第**8**章

数据库编程初步

【目的要求】

 ➤ 掌握 VB 数据库编程的基本方法。
 ➤ 掌握 Data 控件的使用方法。
 ➤ 掌握数据绑定控件的使用方法。

【主要内容】

1. VB 环境中创建 Access 数据库

（1）启动可视化数据管理器

在 VB 集成环境中执行"外接程序"菜单中的"可视化数据管理器"命令，打开 VisData（可视化数据管理器）窗口。

（2）建立数据库

在 VisData 窗口中选择"文件"菜单中的"新建"，在下一级子菜单中选择"Microsoft Access"再选择"Version 7.0 MDB"，在弹出的对话框中输入要创建的数据库文件的名称"Hospital.mdb"并保存到指定位置。随后在 VisData 窗口的工作区将出现"数据库窗口"和"SQL 语句"窗口。

（3）建立数据表

在"数据库窗口"中的空白处单击右键，从弹出的菜单中选择"新建表"菜单项，打开"表结构"对话框，单击"添加字段"按钮打开"添加字段"对话框。在"名称"文本框中输入字段的名称，在"类型"下拉列表中选择字段的类型，若字段为"Text"类型，则还要在"大小"文本框中设置字段值的长度，然后单击"确定"按钮，刚添加的字段便会出现在"表结构"窗口的字段列表中。表中所有字段都添加完成后，单击"生成表"按钮即可完成数据表的建立。新建成功的数据表名称会出现在"数据库窗口"中。单击表名称前的加号可以展开和表有关的一些信息。

2. Data 控件的常用属性、方法和事件

（1）Data 控件的常用属性

Connect：用于指定与 Data 控件连接的数据库类型，缺省为 Access 数据库文件。

DataBaseName：用于指定 Data 控件所连接的数据库文件的名称和保存路径。

RecordSource：用于指定 Data 控件的记录源。当程序与数据库正确建立连接后，就应当通过 Data 控件的 RecordSource 属性确定所访问的数据，这些数据构成记录集对象 Recordset。RecordSource 属性既可以指定为 Data 控件所连接数据库中的某张表的名称，也可以是一条 SQL（结构化查询语言）语句。

RecordsetType：用于指定 Data 控件连接的记录集类型，包括表、动态集、快照三种类型，缺省值为 1，表示动态集。

Readonly：用于设置 Data 控件记录集的只读属性，缺省值为 False。若 Readonly 属性设置为 True，则只能对记录集进行读操作，不能对记录集进行写操作。

Exclusive：用于设置被打开的数据库是否被独占。若 Exclusive 属性设置为 True，表示该数据库被独占，此时其他应用程序将不能再打开和访问该数据库；若设置为 False，则该数据库允许被其他应用程序共享。

（2）Data 控件的常用方法

AddNew：用于添加一条新记录。

Delete：用于删除当前记录。

Edit：用于对可更新的当前记录进行编辑修改。

Refresh：在程序运行中，若改变了 Data 控件的 Connect、DatabaseName、RecordSource 等属性的值，则必须用 Refresh 方法使这些更新及时生效。

UpdateControls：可以将数据从数据库中重新读到与 Data 控件绑定的控件上。此方法可以防止用户对绑定控件上显示的数据做修改，执行 UpdateControls 方法后，绑定控件即恢复为原先所显示的数据库中记录内容。

（3）Data 控件的常用事件

Reposition：当某条记录成为当前记录之后引发该事件。

Validate：当某条记录成为当前记录之前，或在 Update、Delete、Unload 或 Close 操作之前引发该事件。

3. ADO 控件的使用

在 VB 工具箱中显示的数据控件是基于 DAO 技术的旧的数据控件。通过选择"工程（Project）"菜单中的"部件（Components）"命令，再选中"Microsoft ADO Data Control 6.0"项，即可在工具箱中添加 ADO 数据控件。ADO 数据控件的属性、方法以及使用，基本上可参照 Data 控件，这里仅介绍不同之处。

设置 ADO 数据控件的连接字符串（ConnectionString）属性来创建到数据源的连接。这个属性给出了将要访问的数据库的位置和类型。在 ADO 数据控件的属性窗口中单击 ConnectionString 属性旁的浏览按钮就可以设置这个属性。单击浏览按钮后弹出"属性页"窗口，显示出下面 3 个数据源选项来设置连接字符串属性。

（1）使用数据连接文件

这个选项指定一个连接到数据源的自定义的连接字符串，单击旁边的"浏览"按钮可以选择一个连接文件。

（2）使用 ODBC 数据源名称

这个选项允许使用一个系统定义好的数据源名称（DSN）作为连接字符串。可以在组合框中的数据源列表中进行选择,使用旁边的"添加"按钮可以添加或修改 DSN。

(3) 使用连接字符串

这个选项定义一个到数据源的连接字符串。单击"生成"按钮弹出"数据连接属性"对话框,在这个对话框中可以指定提供者的名称、连接以及其他要求信息。

在建立到数据库的连接之后,记录源属性指定记录从何而来。这个属性指定为一个表的名称,或是一个存储操作,或是一个 SQL 语句。使用 SQL 语句是一个很好的练习,因为它只从表中检索出满足条件的行而不是整个表。ADO 数据控件的数据集(Recordset)属性是表示一个表中所有的记录或者一个已执行命令的结果的对象。记录集对象用来访问查询结果返回的记录。

使用记录集对象可以对数据库中的数据进行如下操作:

- 添加记录:adodc1. Recordset. AddNew。
- 修改记录:adodc1. Recordset. Update。
- 取消修改:adodc1. Recordset. CancelUpdate。
- 删除记录:adodc1. Recordset. Delete。

【实验操作】

编写一个医生信息管理的数据库程序,使之具有向数据库中添加、删除、修改和查找的功能,并且要求只有授权用户可以登录系统。程序界面如图 8.1、8.2 所示。

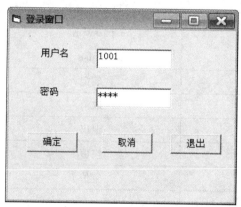

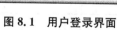

图 8.1　用户登录界面

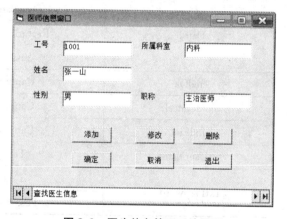

图 8.2　医生信息管理系统界面

分析

本问题重点在于如何使用数据库控件和通用对话框。通过文本框控件绑定数据库控件,通过 RecordSet 对象的属性和方法实现医生信息管理系统的设计。

(1) 创建数据库

运行 Access 2003 数据库创建 Doctor. mdb 数据库。为数据库创建两个数据表,表的名称分别为 DoctorInformation、password,格式设置如表 8.1,8.2 所示。

表 8.1 **DoctorInformation 表**

字段名	字段类型	字段大小
工号	文本	10
姓名	文本	10
性别	文本	2
科室	文本	10
职称	文本	10

表 8.2 **password 表**

字段名	字段类型	字段大小
用户名	文本	10
密码	文本	10

（2）登录窗口的设计

登录窗口用于实现只有授权用户才能访问数据库管理系统。

① 设计窗口界面如图 8.1 所示，窗口中的主要控件的属性值列于表 8.3。

表 8.3 **登录窗口主要控件的属性**

控 件	属 性	值
Data1	DataName	Doctor. mdb
	RecordSource	password
	Visible	False
cmdOk	Caption	确定
cmdCancel	Caption	取消
cmdEnd	Caption	退出
txtUserName	Text	空值
txtPassword	Text	空值
	Password	*

② 分别编写"确定"、"取消"、"退出"三个命令按钮的事件过程如下：

```
Private Sub CmdOk_Click()
 Dim str1 As String
    Dim str2 As String
    str1 = txtUserName. Text
    str2 = txtPassword. Text
 Data1. Recordset. FindFirst "用户名 ='" & str1 & "'"      '查找符合条件的第一条记录
If Data1. Recordset. NoMatch Or Data1. Recordset. 密码 <> str2 Then
'判断用户信息是否正确
```

```
                txtUserName. Text = ""
                txtPassword. Text = ""
                MsgBox "用户名或密码错误"
        Else
                Form2. Show
                Form1. Hide
        End If
    End Sub
Private Sub cmdCancel_Click( )
txtUserName. Text = ""
txtPassword. Text = ""
txtUserName. SetFocus
End Sub


Private Sub CmdEnd_Click( )
End
End Sub
```

（3）医生信息系统窗体的设计

① 设计窗口界面如图 8.2 所示，窗口中的主要控件的属性值列于表 8.4 所示。

表 8.4　医生信息系统窗口主要控件的属性值

控　件	属　性	值
Data1	DataName	Doctor. mdb
	RecordSource	DoctorInformation
txtNum	DataSource	Data1
	DataFiled	工号
txtName	DataSource	Data1
	DataFiled	姓名
txtSex	DataSource	Data1
	DataFiled	性别
txtDepartments	DataSource	Data1
	DataFiled	科室
txtTitle	DataSource	Data1
	DataFiled	职称
CmdAdd	Caption	"添加"
CmdDel	Caption	"删除"
CmdModify	Caption	"修改"

（续表）

控　件	属　性	值
CmdOk	Caption	"确定"
CmdCancel	Caption	"取消"
CmdEnd	Caption	"退出"

② 编写各命令按钮的事件过程如下：

```
' 单击添加"记录"按钮后在文本输入数据,然后单击"确定"按钮将数据存入数据库
Private Sub cmdAdd_Click()
    cmdAdd. Enabled = False
    cmdModify. Enabled = False
    cmdDel. Enabled = False
    cmdEnd. Enabled = False
    cmdCancel. Enabled = True
    Me. cmdOk. Enabled = True
    Me. Data1. Recordset. AddNew    ' 添加一条新记录
End Sub
' 删除当前记录
Private Sub cmdDel_Click()
    If MsgBox("删除当前记录?", 17, "删除记录") = 1 Then
        Data1. Recordset. Delete
        Data1. Recordset. MoveNext
        If Data1. Recordset. EOF Then
            Data1. Recordset. MoveLast
        End If
    End If
End Sub
' 退出程序
Private Sub cmdEnd_Click()
    End
End Sub
' 修改记录
Private Sub cmdModify_Click()
    cmdAdd. Enabled = False
    cmdModify. Enabled = False
    cmdDel. Enabled = False
    cmdEnd. Enabled = False
    cmdCancel. Enabled = True
    Me. cmdOk. Enabled = True
```

```
        Me. Data1. Recordset. Edit
    End Sub
    ' 完成数据的修改
    Private Sub cmdOk_Click( )
        Me. Data1. Recordset. Update
        cmdAdd. Enabled = True
        cmdModify. Enabled = True
        cmdDel. Enabled = True
        cmdEnd. Enabled = True
        cmdCancel. Enabled = False
        Me. cmdOk. Enabled = False
        MsgBox   " 数据更新完成"
    End Sub
    ' 取消输入
    Private Sub cmdCancel_Click( )
        txtNum. Text = ""
        txtName. Text = ""
        txtSex. Text = ""
        txtTitle. Text = ""
        txtDepartments. Text = ""
    End Sub
    Private Sub CmdEnd_Click( )
        End
    End Sub
```

【习题与答案】

1. 选择题

(1) 要使用数据控件返回数据库中的记录集,则需要设置_____属性。

A. RecordSource　　B. RecordType　　　　C. Connect　　　　　D. DatabaseName

(2) 数据控件的 Reposition 事件发生在_____。

A. 记录成为当前记录　　　　　　　　B. 记录成为当前记录后

C. 移动记录指针前　　　　　　　　　D. 修改记录指针前

(3) 下列关键字中,Select 语句中不可缺少的是_____。

A. Select、OrderBy　　　　　　　　　B. Select、Where

C. Select、Form　　　　　　　　　　　D. Select、All

(4) 在使用 Delete 方法删除当前记录后,记录指针位于_____。

A. 被删除记录上　　　　　　　　　　B. 被删除记录的下一条

C. 被删除记录的上一条　　　　　　　D. 记录集的第一条

（5）在新增记录调用 Update 方法写入记录后，记录指针位于＿＿＿＿＿。

A. 记录集的第一条   B. 记录集的最后一条

C. 添加新记录前的位置上   D. 新增记录上

（6）使用 ADO 数据控件的 ConnectionString 属性与数据源建立链接的相关信息，在属性页对话框中可以有＿＿＿＿＿种不同的链接方式。

A. 1   B. 2   C. 3   D. 4

2. 填空题

（1）要使绑定控件功能通过数据控件 Data 链接到数据库上，必须设置控件＿＿＿＿＿＿的属性为 Data.

（2）记录集的＿＿＿＿＿＿属性返回当前指针值。

（3）如果数据控件链接的是单数据表数据库，则＿＿＿＿＿＿属性应设置为数据库文件所在的子文件夹名。

（4）使用 ADO 打开数据库的方法是＿＿＿＿＿＿。

【习题答案】

【微信扫码】
参考答案 & 相关资源

参考文献

[1] 马凯. Visual Basic 程序设计[M]. 杭州:浙江大学出版社,2013.

[2] 牛又奇,孙建国. Visual Basic 程序设计教程[M]. 苏州:苏州大学出版社,2010.

[3] 海滨,赵宁. Visual Basic 程序设计教程[M]. 北京:高等教育出版社,2011.

[4] 海滨,关媛. Visual Basic 程序设计教程[M]. 南京:南京大学出版社,2014.